普通高等教育机械类专业基础课系列教材

金 工 实 习

主　编　周万春　张　震
副主编　赵晶晶　高　飞　吕恒志

北京理工大学出版社
BEIJING INSTITUTE OF TECHNOLOGY PRESS

内 容 简 介

本书为适应国家"十四五"期间对机械相关专业应用型本科、职业本科的教育发展要求而编写。

本书的特色如下：其一，进一步加深对于机械制造的各种主要加工方法及其所用主要设备的基本结构、工作原理和操作方法的理解，介绍各类工具、夹具、量具的使用方法，帮助学生建立对工程实际问题的感性认识；其二，在教材内容的设计过程中，通过广泛调研，经过企业工程技术专家、技术能手的多次论证，共同设计训练项目，培养学生对简单零件的工艺分析能力、主要设备的操作能力和加工作业的技能；其三，在内容结构上，将实用性和先进性相结合。教学内容涵盖了金工实习的各实习环节，包括铸造、普通加工、热处理和钳工等传统实习环节的教学内容，并增加了数控加工、3D打印技术和激光加工等新技术的教学内容。

全书共分为12章，主要内容有：绪论，金工实习基础知识，铸造，锻压，焊接，热处理，车削加工，铣削、磨削及刨削加工，钳工，数控加工，3D打印技术和激光加工等。

本书可作为普通高等院校的机械类相关专业的实习指导用书，也可供高等职业院校相关专业教学参考，还可作为机械相关企业员工的培训教材和有关人员的自学用书。

版权专有　侵权必究

图书在版编目（CIP）数据

金工实习 / 周万春，张震主编．--北京：北京理工大学出版社，2022.8

ISBN 978-7-5763-1560-8

Ⅰ．①金… Ⅱ．①周… ②张… Ⅲ．①金属加工-实习-高等学校-教材 Ⅳ．①TG-45

中国版本图书馆 CIP 数据核字（2022）第 134678 号

出版发行 / 北京理工大学出版社有限责任公司

社　　址 / 北京市海淀区中关村南大街5号

邮　　编 / 100081

电　　话 /（010）68914775（总编室）

　　　　　（010）82562903（教材售后服务热线）

　　　　　（010）68944723（其他图书服务热线）

网　　址 / http://www.bitpress.com.cn

经　　销 / 全国各地新华书店

印　　刷 / 唐山富达印务有限公司

开　　本 / 787毫米×1092毫米　1/16

印　　张 / 13.5　　　　　　　　　　　责任编辑 / 江　立

字　　数 / 314千字　　　　　　　　　　文案编辑 / 李　硕

版　　次 / 2022年8月第1版　2022年8月第1次印刷　　责任校对 / 刘亚男

定　　价 / 40.00元　　　　　　　　　　责任印制 / 李志强

图书出现印装质量问题，请拨打售后服务热线，本社负责调换

前言

国家在"十四五"规划和2035年远景目标纲要提出建设高质量教育体系,增强职业技术教育适应性,大力培养技术技能人才。本书为适应我国高等教育发展新的要求,通过多年教学改革探索,组织在教学一线从事教学并具备企业培训经历的教师进行编写。

本书特点如下:

1. 体现工程特色

本书中的加工实例贴近实际生产,让学生在真实的环境中学习,建立对工程实际问题的感性认识。培养学生对简单零件的工艺分析能力、主要设备的操作能力和加工作业的技能,初步培养工科专业人才应具备的基础知识和基本技能。

2. 适用性强

本书内容在设计过程中通过广泛调研,经过企业工程技术专家、技术能手的多次论证,所设计的训练项目既涵盖对设备的基本结构、工作原理和操作方法的理解,又包括各类工具、夹具、量具的使用方法,建立解决工程实际问题的理论基础。同时,辅助学生操作各种设备,使用各类工具,独立完成简单零件的加工制造全过程。因此,本书不仅适用于机械类本科专业的教学,同时也可作为机械相关企业员工的培训教材,还可作为相关行业岗位的培训教材及有关人员的自学用书。

3. 紧贴技术前沿

本书在内容结构上,不仅包括有铸造、普通加工、热处理和钳工等传统实习环节的教学内容,还增加了数控加工、3D打印技术和激光加工等新技术的教学内容,提高了教材的技术先进性。

本书由郑州工程技术学院周万春、张震担任主编,郑州工程技术学院赵晶晶、高飞和吕恒志担任副主编。第1章和第3章由周万春编写,第2、4、5章由张震编写、第6、7、8章由赵晶晶编写,第九章由吕恒志编写,第10、11、12章由高飞编写。

限于水平,书中不当之处在所难免,欢迎读者批评指正。

编 者
2022年5月

目 录

第1章 绪 论 ·· (1)
  1.1 金工实习的任务和内容 ·· (1)
  1.2 金工实习的场所 ·· (2)
  1.3 安全教育 ·· (5)
  1.4 金工实习的管理制度及成绩考核 ·· (6)
第2章 金工实习基础知识 ·· (8)
  2.1 常用金属材料 ··· (8)
  2.2 常用量具 ·· (12)
第3章 铸 造 ·· (18)
  3.1 铸造概述 ·· (18)
  3.2 砂型铸造 ·· (20)
  3.3 造型 ·· (22)
  3.4 金属的熔炼与浇注 ··· (31)
  3.5 铸件常见缺陷的分析 ·· (36)
  3.6 特种铸造 ·· (37)
第4章 锻 压 ·· (43)
  4.1 锻压概述 ·· (43)
  4.2 锻造生产过程 ·· (44)
  4.3 自由锻 ··· (48)
  4.4 模锻与胎模锻简介 ··· (60)
  4.5 冲压 ·· (62)
第5章 焊 接 ·· (66)
  5.1 焊接概述 ·· (66)
  5.2 电弧焊 ··· (66)
  5.3 气焊与气割 ··· (72)
  5.4 其他焊接方法 ·· (73)
  5.5 焊接质量及分析 ·· (76)
第6章 热处理 ·· (79)
  6.1 热处理概述 ··· (79)
  6.2 钢的热处理方法 ·· (80)

第7章 车削加工 (82)

- 7.1 车削加工概述 (82)
- 7.2 车床 (82)
- 7.3 车刀 (85)
- 7.4 工件的安装及车床附件 (88)
- 7.5 车削的基本操作内容及要点 (91)
- 7.6 典型综合件车削实例 (96)

第8章 铣削、磨削及刨削加工 (100)

- 8.1 铣削加工 (100)
- 8.2 磨削加工 (110)
- 8.3 刨削加工 (117)

第9章 钳 工 (124)

- 9.1 钳工概述 (124)
- 9.2 划线 (125)
- 9.3 锯削 (130)
- 9.4 锉削 (134)
- 9.5 钻孔、扩孔和铰孔 (138)
- 9.6 攻螺纹和套螺纹 (144)
- 9.7 装配 (147)
- 9.8 典型综合件钳工实例 (150)

第10章 数控技术 (153)

- 10.1 数控技术概述 (153)
- 10.2 数控系统 (157)
- 10.3 数控编程 (159)
- 10.4 数控机床坐标系 (162)
- 10.5 数控加工程序的结构与格式 (165)
- 10.6 数控车床的常用编程指令及应用 (170)

第11章 3D打印技术 (176)

- 11.1 3D打印与三维扫描技术 (176)
- 11.2 3D打印的主要成型工艺 (177)
- 11.3 3D打印样件制作 (180)

第12章 激光加工 (192)

- 12.1 激光加工技术 (192)
- 12.2 激光加工的产品展示 (195)
- 12.3 激光加工的特点 (196)
- 12.4 非金属激光切割机设备使用介绍 (197)
- 12.5 非金属激光切割机基本操作工艺 (198)

附录1 准备功能一览表 (203)

附录2 M代码及功能 (205)

参考文献 (207)

第 1 章 绪 论

1.1 金工实习的任务和内容

金工实习是使工科学生获得机械制造基本知识和技能的一门必修课；是全面提高学生的工程素质和工程实践能力，培养综合型、应用型和创新型现代工程技术人才的一项重要的实践教学环节。因此，金工实习作为高等院校工科学生必修的工程实践课程和综合性的工艺技术基础课程，在培养高等工科人才方面起到其他课程无法替代的作用。

1.1.1 金工实习的任务

通过金工实习的操作技能训练，可以使学生接触和了解工厂生产实践，加深其对所学专业的理解，培养学习兴趣。通过实习，能够培养学生理论联系实际、一丝不苟的工作作风，使学生的综合素质不断得到提高。通过本课程的学习和操作训练，应达到以下目的。

1. 建立起对机械制造生产基本过程的感性认识，提高学习兴趣

在实习中，学生通过实际观摩，进一步加深对于机械制造的各种主要加工方法及其所用主要设备的基本结构、工作原理和操作方法的理解；通过实际使用，掌握各类工具、夹具、量具的使用方法，建立对工程实际问题的感性认识；加强对于前期学习知识的掌握程度，提高对于后续相关专业技术基础课、专业课及毕业设计的学习兴趣。

2. 培养实践动手能力，进行基本的训练

学生通过直接参加生产实践、操作各种设备、使用各类工具，独立完成简单零件的加工制造全过程，培养对简单零件的工艺分析能力、主要设备的操作能力和加工作业的技能，初步培养工科专业人才应具备的基础知识和基本技能。

3. 全面开展素质教育和创新能力培养，树立实践观点、劳动观点和团队协作观点，培养高质量人才

金工实习的实习场所（工程训练中心）与其他课程的教学场所不同，它是生产、教学、科研相结合的基地，是校内的工业环境。在其中的学习能够培养学生良好的劳动素质和劳动思想，对于培养工程技术人员应有的全面素质，加强学生素质教育具有得天独厚的条件。

1.1.2 金工实习的内容

金工实习以机器零件加工全过程为主线，涉及多工种、多工艺的操作训练，主要开设的实习内容有：铸造、锻压、铆工、焊接、热处理、车工、铣工、刨工、磨工、钳工、数控加工以及特种加工等。

1.2 金工实习的场所

工程训练中心是高校对学生开展金工实习以及其他工程训练和创新实践活动的重要场所。工程训练中心一般应具备的车间、实训室及其功能如下。

1.2.1 机械加工车间

机械加工车间又称机加车间，是工程训练中心的主要组成部分之一，学生在其中能够进行车工、铣工、刨工、磨工实习。机加车间的主要设备应包括车床、铣床、刨床和磨床等。根据工件与刀具的运行模式可细分为车工车间和铣工车间。

1. 车工车间

车工车间的主要设备为车床。学生在车工车间主要进行车削加工实习。车削加工是指在车床上，利用工件的旋转运动和刀具的直线运动或曲线运动，去除毛坯表面多余金属，从而获得一定形状和尺寸的符合图样要求的零件的过程。车削是最基本、最常见的切削加工方法，在生产中占有十分重要的地位。车削适于加工回转表面，大部分具有回转表面的工件都可以用车削方法加工，如内/外圆柱面、内/外圆锥面、端面、沟槽、螺纹和回转成型面等，所用刀具主要是各种车刀。在各类金属切削机床中，车床是应用最广泛的一类，约占机床总数的50%。车床既可用车刀对工件进行车削加工，又可用钻头、铰刀、丝锥和滚花刀进行钻孔、铰孔、攻螺纹和滚花等操作。按工艺特点、布局形式和结构特性等的不同，车床可以分为卧式车床、落地车床、立式车床、转塔车床和仿形车床等，其中应用最多的是卧式车床。

通过车削加工实习，学生应掌握卧式车床的基本操作方法及中等复杂零件的车削加工工艺过程。车工车间实习的具体要求如下：

(1) 了解卧式车床的结构、原理及基本操作方法；
(2) 学会使用顶尖等工具装夹工件的方法；
(3) 学会外圆车刀、切槽刀等常见车刀的选择与安装方法；
(4) 掌握外圆面、端面及台阶面的加工方法；
(5) 掌握切槽、切断及倒角的加工方法；
(6) 掌握在车床上钻中心孔及钻孔的方法；
(7) 学会游标卡尺等常用工、量具的使用方法。

通过车削加工实习，培养学生具备车工工种的基本素质，使学生掌握常见车削零件的基本加工方法及工艺过程，为今后学习相关课程打下良好的基础。

2. 铣工车间

铣工车间的主要设备为铣床、刨床和磨床,这些设备都是以刀具运动作为主要运动方式进行切削的设备。学生在这里主要进行铣工、刨工、磨工实习。

铣床上用铣刀加工工件的工艺过程叫作铣削加工。铣削时,铣刀做旋转主运动,工件做缓慢的直线进给运动。铣床的加工范围很广,可以加工平面、斜面、垂直面、各种沟槽和成型面(如齿形),还可以进行分度工作。有时,孔的钻、镗加工也可在铣床上进行。铣床种类很多,常用的有卧式铣床、立式铣床、龙门铣床等。卧式铣床主要由床身、横梁、主轴、纵向工作台、横向工作台、转台和升降台等部分组成。

在刨床上用刨刀对工件做水平直线往复运动的切削加工方法称为刨削。刨床主要分为牛头刨床、龙门刨床、插床。牛头刨床因其滑枕和刀架形似牛头而得名,由工作台、刀架、滑枕、床身、横梁、变速机构、进刀机构和床身内部摆动导杆机构等组成,主要用于刨削中、小型零件,适用于单件小批生产及修配加工,其刨削适应性强,通用性好,能加工平板类、支架类、箱体类、机座、床身零件的各种表面、沟槽等。

在磨床上使用砂轮对工件表面进行磨削的加工方法称为磨削,它的主要任务是完成对工件最后的精加工和获得较为光洁的表面。

铣工车间实习的具体要求如下:
(1) 了解卧式铣床的结构、原理及基本操作方法;
(2) 了解牛头刨床的结构、原理及基本操作方法;
(3) 了解铣刀、刨刀的结构,学会常见铣刀、刨刀的使用与安装方法;
(4) 掌握平面铣削和平面刨削的加工方法;
(5) 了解矩形槽、V形槽与燕尾槽的铣、刨加工工艺与方法;
(6) 完成锤头的四面平面加工作业;
(7) 了解常用铣床附件的结构、用途及其使用方法;
(8) 了解外圆磨床和平面磨床的基本结构与操作。

1.2.2 铸锻车间

铸锻车间的主要设备是造型工具、加热炉、空气锤、剪板机、卷板机等。学生在这里主要进行铸造、锻造、板料冲压实习。

铸锻车间实习的具体要求如下:
(1) 学会简单零件的砂型铸造操作方法;
(2) 了解机器造型和特种铸造工艺方法;
(3) 认识锻工的工具、设备和自由锻造基本工艺方法;
(4) 了解模锻、板料冲压的有关基本知识;
(5) 学会简单图形的展开图绘制。

1.2.3 焊工车间

焊工车间的主要设备是电焊机、气瓶和其他焊接设备。学生在这里主要进行手工电弧焊、气焊的操作训练。焊接是一种连接金属材料的工艺方法,其实质是通过加热或加压,借助金属原子的结合与扩散作用使分离的金属材料永久连接起来。焊接方法的种类很多,根据其实现原子间结合的途径不同，可分为三大类：熔焊、压焊、钎焊。

焊工车间实习的具体要求如下：

(1) 了解焊接的概念和分类；

(2) 了解手工电弧焊的概念、特点和应用；

(3) 了解焊接电弧的概念、产生条件和特征；

(4) 了解电焊机的分类及型号的含义；

(5) 了解焊条的分类、型号、组成和作用；

(6) 掌握手工电弧焊焊接工艺、操作技术及操作要领；

(7) 掌握气焊焊接工艺、操作技术及操作要领；

(8) 了解氩弧焊焊接工艺、操作技术及操作要领；

(9) 学习焊工安全操作规程及注意事项。

1.2.4 钳工车间

钳工车间的设备主要有钻床、钳工工作台及各种钳工工具。学生在钳工车间主要进行钳工实习。钳工是手持工具进行金属切削加工的方法，其基本操作有：划线、錾削、锉削、锯割、钻孔、扩孔、铰孔、攻螺纹和套螺纹、铆接、校直与弯曲、刮削与研磨以及简单的热处理等。钳工是机械制造和维修中不可缺少的工种，具有加工灵活、操作方便、工具简单、适应性强等特点，可以完成机加工不便或无法完成的工作，在机械制造装配和修理工作中起着十分重要的作用。

钳工车间实习的具体要求如下。

(1) 了解常用钳工工具的使用方法和钳工基本工艺及操作要领。

(2) 掌握锯割方法以及锯条的种类和选择，了解锯条损坏和拆断的原因。

(3) 掌握划线的概念、划线的基准选择、划线的作用和基本步骤；学会常用划线工具的正确使用方法，以及平面划线和简单零件的立体划线方法。

(4) 掌握锉削的概念、锉刀的种类、规格和用途；学会锉刀的选择和操作，以及平面和曲面的锉削方法。

(5) 掌握钻孔的基本知识及设备；了解麻花钻的几何形状和各部分的作用，以及钻床使用的安全操作规程；学会基本钻孔方法。

(6) 了解丝锥、板牙的构造、规格和用途；学会攻螺纹和套螺纹的操作方法。

钳工实习是工程技术类专业的重要实训课，能够培养学生钳工操作的基本技能，使学生初步具备安全生产和文明生产的良好意识，养成良好的职业道德。

1.2.5 先进制造技术车间

先进制造技术车间的主要设备是各类数控机床和电火花加工机床等特种加工设备。学生在先进制造技术车间主要完成数控加工实习和特种加工实习。数控加工是指采用数字信息对零件加工过程进行定义，并控制机床进行自动运行的一种自动化加工方法。数控加工用于复杂形状零件的加工，其设备具有高质量、高效率、高柔性的优点，并且能够减轻工人劳动强度，有利于生产管理。数控加工实习分为数控车床实习和数控铣床实习，学生通过实习掌握中等复杂形状零件的数控加工工艺分析、数控编程及加工操作技能。此外，还要对激光加工、增材制造等特种加工方法加以了解。

先进制造技术车间实习的具体要求如下：

（1）学会中等复杂形状零件的数控加工工艺分析；

（2）学会用复合循环指令加工外圆的方法；

（3）学会螺纹的车削加工方法；

（4）学会两轴铣削加工方法；

（5）了解加工中心的加工操作；

（6）了解激光加工的步骤与方法；

（7）了解增材制造的基本知识和加工方法。

1.3 安全教育

金工实习是学生接受高等教育阶段进行的一次直接上手操作的实践教学，实习内容又是具有高度危险性的加工工作，因此全体参与实习的师生一定要时刻树立"安全第一"的思想，要做到警钟长鸣。

实习安全包括人身安全、设备安全和环境安全，其中最重要的是人身安全。在每个工种实习之前，要求认真研读安全操作规程，严格按规程操作。另外，还要严格遵守校规校纪，做好防火、防盗工作。

在实习劳动中要进行各种操作，制作各种不同规格的零件，因此常要开动各种生产设备，如焊机、机床、砂轮机等。为了避免触电、机械伤害、爆炸、烫伤和中毒等工伤事故，实习人员必须严格遵守工艺操作规程。只有施行文明生产实习，才能确保实习人员的安全，具体要求如下：

（1）实习中做到专心听讲，仔细观察，做好笔记，尊重各位指导老师，独立操作，努力完成各项实习作业。

（2）严格执行安全制度，进入车间必须穿好工作服，不得穿凉鞋。女生要戴好工作帽，将长发放入帽内，不得穿高跟鞋。

（3）操作机床时不准戴手套，严禁身体、衣袖与转动部位接触；正确使用砂轮机，严格按安全规程操作，注意人身安全。

（4）遵守设备操作规程，爱护设备，未经教师允许不得随意乱动车间设备，更不准乱动开关和按钮。

（5）遵守劳动纪律，不迟到，不早退，不打闹，不串车间，不随地而坐，不擅离工作岗位，更不能到车间外玩，有事请假。实习场地严禁吸烟。

（6）交接班时认真清点工具、卡具、量具，做好保养保管，如有损坏、丢失，按价赔偿。

（7）实习时，要不怕苦、不怕累、不怕脏，热爱劳动。

（8）每天下课后擦拭机床，清整用具、工件，打扫工作场地，保持环境卫生。

（9）爱护公物，节约材料、水、电，不践踏花木、绿地。

（10）爱护劳动保护用品，实习结束时及时交还工作服，损坏、丢失按价赔偿。

1.4 金工实习的管理制度及成绩考核

1.4.1 金工实习的管理制度

(1) 实习期间，由指导老师对学生进行考勤，未按规定请假缺席的学生一律记为旷课，按学分制管理相关规定处理。

(2) 在实习过程中，学生因病不适合参加某工种实习，经学生所在学院和金工实习负责人认定，可以作病假处理。因病假所缺的实习时数，需要按教学计划补足。

(3) 严格控制请事假。如遇急事需要请事假者，必须提前按学校规定办理批准手续。因事假所缺的实习时数，需要按教学计划补足。

(4) 实习学生因文艺演出、体育比赛等活动需要请公假的，需出具二级学院提供的公假单（加盖公章）。因公假所缺的实习时数也要补足。

(5) 实习学生在实习期间除了上述病假、事假、公假之外，其他情况一律作旷课处理，旷课一天以上者，取消实习资格，成绩以零分计。

(6) 实习时要认真听讲，精心操作，严格遵守安全操作规程、各项规章制度和劳动纪律。未经指导教师允许不得进行文体活动。不准看与实习无关的书籍和杂志，如发现实习时玩手机或看杂志书籍者，指导教师要批评教育并在金工实习成绩中扣除相应分数；多次违反或有顶撞指导教师等行为的，指导教师有权停止其实习。

(7) 进入实习场地，必须穿好工作服、鞋，戴好眼镜、帽，如发现穿裙子、短裤、背心、拖鞋、高跟鞋的和露长发者进入实习场地，一律停止实习。

(8) 因学生个人原因发生设备事故及人身事故，责任人的实习操作成绩以零分计。

(9) 严格遵守劳动纪律，每人只能在指定的设备或岗位上操作，不得串岗、串位或代人操作完成实习任务，也不得擅自离开实习场所。

(10) 不得迟到、早退。对迟到、早退者，除批评教育外，在评定实习成绩时要酌情扣分。

(11) 学生实习期间一般不准会客，如遇特殊情况，15 min 内可向实习指导教师请假，超过 15 min 按事假处理。

(12) 学生的考勤由实习教师记入学生实习卡，并与其他资料一并交由工程训练中心存档。凡是实习指导教师布置的任务要认真完成，需带笔记本做好笔记。必须按时完成实习报告，及时交给中心。凡不做实习报告或未按要求完成的，不予评定实习总成绩。人为损坏中心财物者除照价赔偿外，并通报学生所在院、系。

1.4.2 金工实习的成绩考核

(1) 各工种实习成绩由各工种实习指导教师根据学生该工种实际掌握和完成情况评定。

(2) 实习报告由实习指导教师根据报告的内容正确程度和认真程度评定。

(3) 劳动纪律由实习指导教师评定。

(4) 实习总成绩由各工种实习指导教师给出的成绩汇总后给出。

（5）实习成绩评定标准如下：

优秀：各工种成绩优秀，实习报告完整、工整，遵守实习纪律。

良好：各工种成绩优秀或良好，实习报告较完整、工整，遵守实习纪律。

中等：各工种成绩良好或中等，实习报告完整，遵守实习纪律。

及格：各工种成绩中等或及格，实习报告较完整，遵守实习纪律。

不及格：各工种成绩有一个或多个不及格，或实习报告不完整，或不遵守实习纪律。

第 2 章 金工实习基础知识

2.1 常用金属材料

金工实习中使用的材料多为金属材料。金属材料的性能一般分为工艺性能和使用性能两类。

所谓工艺性能是指机械零件在加工制造过程中，金属材料在所定的冷、热加工条件下表现出来的性能。金属材料工艺性能的好坏，决定了它在制造过程中加工成型的适应能力。由于加工条件不同，要求的工艺性能也就不同，如铸造性能、可焊性、可锻性、热处理性能、切削加工性等。

所谓使用性能是指机械零件在使用条件下，金属材料表现出来的性能，它包括力学性能、物理性能、化学性能等。金属材料使用性能的好坏，决定了它的使用范围与使用寿命等。

2.1.1 金属材料的力学性能

在机械制造业中，一般机械零件都是在常温、常压和非强烈腐蚀性介质中使用的，且在使用过程中各机械零件都将承受不同载荷。金属材料在载荷作用下抵抗破坏的性能，称为力学性能。

金属材料的力学性能是零件设计和选材时的主要依据。外加载荷性质不同（如拉伸、压缩、扭转、冲击、循环载荷等），对金属材料要求的力学性能也不同。常用的力学性能包括：强度、塑性、硬度、疲劳、冲击韧性等。下面将分别讨论各种力学性能。

1. 强度

强度是指金属材料在静荷作用下抵抗破坏（过量塑性变形或断裂）的性能。由于载荷的作用方式有拉伸、压缩、弯曲、剪切等形式，所以强度也分为抗拉强度、抗压强度、抗弯强度、抗剪强度等。各种强度间常有一定的联系，使用中一般以抗拉强度作为最基本的强度指标。

2. 塑性

塑性是指金属材料在载荷作用下，产生塑性变形（永久变形）而不破坏的能力。

3. 硬度

硬度是衡量金属材料软硬程度的指标。目前生产中测定硬度方法最常用的是压入硬度法，它是用一定几何形状的压头在一定载荷下压入被测试的金属材料表面，根据被压入程度来测定其硬度值。

常用的硬度标准有布氏硬度（HBW）、洛氏硬度（HRA、HRB、HRC）和维氏硬度（HV）等。

4. 疲劳

前面所讨论的强度、塑性、硬度都是金属在静载荷作用下的力学性能指标。实际上，许多机器零件都是在循环载荷下工作的，在这种条件下零件会产生疲劳。

5. 冲击韧性

以很大速度作用于机件上的载荷称为冲击载荷，金属在冲击载荷作用下抵抗破坏的能力叫作冲击韧性。

2.1.2 常用金属材料的分类

工业上将碳的质量分数（含碳量）小于 2.11% 的铁碳合金称为钢。钢具有良好的使用性能和工艺性能，因此获得了广泛的应用。

1. 钢的分类

钢的分类方法很多，常用的分类方法有以下几种。

（1）按化学成分分。碳素钢可以分为低碳钢（含碳量<0.25%）、中碳钢（含碳量0.25%~0.6%）、高碳钢（含碳量>0.6%）；合金钢可以分为低合金钢（合金元素总含量<5%）、中合金钢（合金元素总含量5%~10%）、高合金钢（合金元素总含量>10%）。

（2）按用途分。结构钢（主要用于制造各种机械零件和工程构件）、工具钢（主要用于制造各种刀具、量具和模具等）、特殊性能钢（具有特殊的物理、化学性能的钢，可分为不锈钢、耐热钢、耐磨钢等）。

（3）按品质分。普通碳素钢（含磷量≤0.045%，含硫量≤0.05%）、优质碳素钢（含磷量≤0.035%，含硫量≤0.035%）、高级优质碳素钢（含磷量≤0.025%，含硫量≤0.025%）

2. 碳素钢的牌号、性能及用途

常见碳素结构钢的牌号用"Q+数字"表示，其中"Q"为屈服点的"屈"字的汉语拼音首字母，数字表示屈服强度的数值。若牌号后标注字母，则表示钢材质量等级不同。

优质碳素结构钢的牌号用两位数字表示钢的平均含碳量的万分数，例如，20 钢的平均碳质量分数为 0.2%（即万分之二十）。表 2-1 为常见碳素结构钢的牌号、力学性能及用途。

表 2-1　常见碳素结构钢的牌号、力学性能及用途

类别	常用牌号	力学性能			用途
		屈服强度 σ_s/MPa	抗拉强度 σ_b/MPa	伸长率 δ/(%)	
碳素结构钢	Q195	195	315~390	33	塑性较好，有一定的强度，通常轧制成钢筋、钢板、钢管等。可作为桥梁、建筑物等的构件，也可用来制造螺钉、螺帽、铆钉等
	Q215	215	335~410	31	
	Q235A	235	375~460	26	
	Q235B				
	Q235C				可用于重要的焊接件
	Q235D				
	Q255	255	410~510	24	强度较高，可轧制成型钢、钢板，作构件用
	Q275	275	490~610	20	
优质碳素结构钢	08F	175	295	35	塑性好，可制造冷冲压零件
	10	205	335	31	冷冲压性与焊接性能良好，可用作冲压件及焊接件，经过热处理也可以制造轴、销等零件
	20	245	410	25	
	35	315	530	20	经调质处理后，可获得良好的综合力学性能，用来制造齿轮、轴类、套筒等零件
	40	335	570	19	
	45	355	600	16	
	50	375	630	14	
	60	400	675	12	主要用来制造弹簧
	65	410	695	10	

3. 合金钢的牌号、性能及用途

为了提高钢的性能，在碳素钢基础上特意加入合金元素所获得的钢种称为合金钢。

合金结构钢的牌号用"两位数（平均含碳量的万分之几）+元素符号+数字（该合金元素含量，小于1.5%不标出；1.5%~2.5%标2；2.5%~3.5%标3，依此类推）"表示。

对合金工具钢，当含碳量小于1%时，用"一位数（表示含碳量的千分之几）+元素符号+数字"表示（注：高速钢碳的质量分数小于1%时，其含碳量不标出）；当含碳量大于1%时，用"元素符号+数字"表示。表2-2为常见合金钢的牌号、力学性能及用途。

表 2-2 常见合金钢的牌号、力学性能及用途

类别	常用牌号	力学性能			用途
		屈服强度 σ_s/MPa	抗拉强度 σ_b/MPa	伸长率 δ/(%)	
低合金高强度结构钢	Q295	≥295	390~570	23	具有高强度、高韧性、良好的焊接性能和冷成型性能。主要用于制造桥梁、船舶、车辆、锅炉、高压容器、输油输气管道、大型钢结构等
	Q345	≥345	470~630	21~22	
	Q390	≥390	490~650	19~20	
	Q420	≥420	520~680	18~19	
	Q460	≥460	550~720	17	
合金渗碳钢	20Cr	540	835	10	主要用于制造汽车、拖拉机中的变速齿轮、内燃机上的凸轮轴、活塞销等机器零件
	20CrMnTi	835	1 080	10	
	20Cr2Ni4	1 080	1 175	10	
合金调质钢	40Cr	785	980	9	主要用于制造汽车和机床上的轴、齿轮等
	30CrMnTi	—	1470	9	
	38CrMoAl	835	980	14	

4. 铸钢的牌号、性能及用途

铸钢为含碳量在 0~2% 之间的铁碳合金，主要用于制造形状复杂，具有一定强度、塑性和韧性的零件。碳是影响铸钢性能的主要元素，随着碳质量分数的增加，屈服强度和抗拉强度均增加，而且抗拉强度比屈服强度增加得更快。但当碳的质量分数大于 0.45% 时，屈服强度很少增加，而塑性、韧性却显著下降。所以，在生产中使用最多的铸钢是 ZG230-450、ZG270-500、ZG310-570 三种。表 2-3 为常见碳素铸钢的成分、力学性能及用途。

表 2-3 常见碳素铸钢的成分、力学性能及用途

钢号	化学成分/(%)			力学性能/MPa					用途举例
	C	Mn	Si	σ_s	σ_b	δ	ψ	α_k	
ZG200-400	0.2	0.80	0.50	200	400	25	40	600	机座、变速箱壳
ZG230-450	0.3	0.90	0.50	230	450	22	32	450	机座、锤轮、箱体
ZG270-500	0.4	0.90	0.50	270	500	18	25	350	飞轮、机架、蒸汽锤、水压机、工作缸、横梁
ZG310-570	0.5	0.90	0.60	310	570	15	21	300	联轴器、气缸、齿轮、齿轮圈
ZG340-640	0.6	0.90	0.60	340	640	10	18	200	起重运输机中齿轮、联轴器等

5. 铸铁的牌号、性能及用途

铸铁是碳质量分数大于 2.11%，并含有较多 Si、Mn、S、P 等元素的铁碳合金。铸铁的生产工艺和生产设备简单，价格便宜，具有许多优良的使用性能和工艺性能，所以其应用非

常广泛,是工程上最常用的金属材料之一。

铸铁按照碳存在的形式可以分为白口铸铁、灰口铸铁、麻口铸铁;按铸铁中石墨的形态可以分为灰铸铁、可锻铸铁、球墨铸铁、蠕墨铸铁等。表2-4为常见灰铸铁的牌号及用途。

表2-4 常见灰铸铁的牌号及用途

牌号	铸件壁厚	力学性能		用途
		σ_b/MPa	HBW	
HT100	2.5～10 10～20 20～30	130 100 90	110～166 93～140 87～131	适用于载荷小、对摩擦和磨损无特殊要求的不重要的零件,如防护罩、盖、油盘、手轮、支架、底板、重锤等
HT150	2.5～10 10～20 20～30	175 145 130	137～205 119～179 110～166	适用于承受中等载荷的零件,如机座、支架、箱体、刀架、床身、轴承座、工作台、带轮、阀体、飞轮、电动机座等
HT200	2.5～10 10～20 20～30	220 195 170	157～236 148～222 134～200	适用于承受较大载荷和要求一定气密性或耐腐蚀性等较重要的零件、如气缸、齿轮、机座、飞轮、床身、活塞、齿轮箱、刹车轮、联轴器盘、中等压力阀体、泵体、液压缸、阀门等
HT250	4.0～10 10～20 20～30	270 240 220	175～262 164～247 157～236	
HT300	10～20 20～30 30～50	290 250 230	182～272 168～251 161～241	适用于承受高载荷、耐磨和高气密性的重要零件,如重型机床、剪床、压力机、自动机床的床身、机座、机架、高压液压件、活塞环、齿轮、凸轮、车床卡盘、衬套、大型发动机的气缸体等
HT350	10～20 20～30 30～50	340 290+ 260	199～298 182～272 171～257	

2.2 常用量具

金工实习的常用量具包括通用量具、通用量规量仪、专用量规量仪,主要分类和种类如表2-5所示。

表 2-5 常用量具主要分类和种类

$$
\text{常用量具}\begin{cases}
\text{通用量具}\begin{cases}
\text{游标卡尺}\\
\text{高度游标卡尺}\\
\text{深度游标卡尺}\\
\text{外径千分尺}\\
\text{内径千分尺}\\
\text{深度千分尺}\\
\text{百分表}\\
\text{内径百分表}\\
\text{钢板尺}
\end{cases}\\
\text{通用量规量仪}\begin{cases}
\text{塞尺}\\
\text{螺纹样板}
\end{cases}\\
\text{专用量规量仪}\begin{cases}
90°\text{角尺}\\
\text{万能角度尺}\\
\text{螺纹千分尺}\\
\text{水平仪}\\
\text{量块}\\
\text{卡钳}\\
\text{螺纹样板}
\end{cases}
\end{cases}
$$

2.2.1 通用量具

1. 游标卡尺

游标卡尺是一种比较精密的量具。它可以直接测量出工件的内径、外径、长度、宽度和深度等。

游标卡尺的构造如图 2-1 所示。它由主尺（尺身）和副尺（游标）组成。主尺和固定卡爪制成一体；副尺和活动卡爪制成一体，依靠弹簧压力沿主尺滑动。有的游标卡尺还带有测量深度的装置。

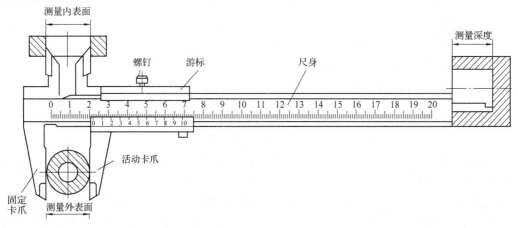

图 2-1 游标卡尺

1）读数原理

测量时，被测工件的尺寸是根据主尺与副尺刻度的相对位置读得的。与副尺零线相对应的主尺上的位置，可决定被测工件尺寸的整数部分；小数部分则由副尺上的刻度来决定。

游标卡尺的读数方法如下：

第一步：查出副尺零线在主尺上错过几小格，读出整数。

第二步：查出副尺上哪一格刻度线与主尺上的某一刻度线相对齐，读出小数。

第三步：将主尺上整数和副尺上的小数相加即可读出被测量的工件尺寸。

工件尺寸＝主尺格数+副尺格数×卡尺精度。

2）游标卡尺使用注意事项

游标卡尺在使用前，首先要检查一下主尺和副尺的零线是否对齐，并用透光法检查两个卡爪的测量面是否贴合。如有透光不均，说明卡爪的测量面已经磨损，这样的卡尺不能测量出精确的尺寸。

测量时，将工件放在两卡爪中间，通过主尺刻度与副尺刻度的相对位置，便可读出工件的尺寸。当需要使副尺作微动调节时，先拧紧螺钉，然后旋转螺母，就可推动副尺微动。

使用游标卡尺时，切记不可在工件转动时进行测量，亦不可在毛坯和粗糙表面上测量。游标卡尺用完后，应擦拭干净。长时间不用时，应涂上一层薄油脂，以防生锈。

2. 外径千分尺

外径千分尺是生产中常用的一种测量工具，主要用来测量精密工件的长、宽、高等外形尺寸。通过它能准确地读出 0.01 mm，并可估计出 0.005 mm。

外径千分尺的构造如图 2-2 所示。它由尺架（带有隔热装置）、固定砧座、固定刻度套筒、测微螺杆、微分筒、测力装置和锁紧装置等组成。

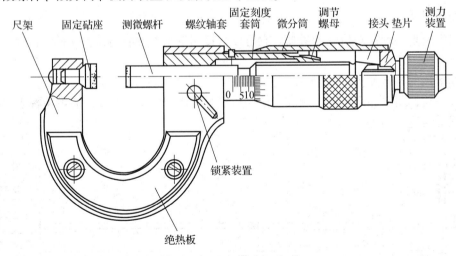

图 2-2 外径千分尺

使用外径千分尺前，应先将校对量杆置于固定砧座和测微螺杆之间，检查它的固定刻度套筒中心线与微分筒的零线是否重合。如不重合，应进行调整。

测量时，当两测量面接触工件后，测力装置棘轮空转，发出"轧轧"声时，方可读出尺寸。如果由于条件限制，不能在测量工件时读出尺寸，可以旋紧锁紧装置，然后取下千分尺读出尺寸。

使用时，不得强行转动微分筒，要尽量使用测力装置；切忌把千分尺先固定好再用力向工件上卡，这样会损坏测量表面或弄弯测微螺杆。用完后，要擦净放入盒内，并定期检查校验,以保证精度。

3. 内径千分尺

内径千分尺是用来测量内径尺寸的,它分为普通式内径千分尺(见图2-3)和杠杆式内径千分尺(见图2-4)两种。

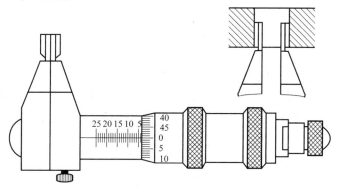

图 2-3 普通式内径千分尺

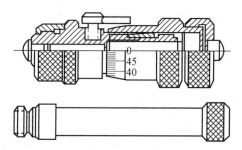

图 2-4 杠杆式内径千分尺

普通式内径千分尺用于测量小孔。它的刻线方向与外径千分尺和杠杆式内径千分尺相反,当微分筒顺时针旋转时,微分筒连同左面的卡爪一起向左移动,测距越来越大。

4. 百分表

百分表用于测量工件的各种几何形状误差和相互位置的正确性,并可借助于量块对零件的尺寸进行比较测量。其优点是准确、可靠、方便、迅速。

常见百分表的构造如图2-5所示。测量杆的下端有测量头。测量时,当测量头触及零件的被测表面后,测量杆能上下移动。测量杆每移动 1 mm,主指针即转动 1 整圈。在表盘上全圆周分成 100 等份。因此,每等份对应 0.01 mm。即主指针每摆动 1 格时,测量杆移动 0.01 mm。所以,百分表的测量精度为 0.01 mm。

在使用时,可将百分表装在表架上,把零件放在平板上,使百分表的测量头压到被测零件的表面上,再转动表盘,使主指针对准零位,然后移动百分表,就可测出零件的直线度或

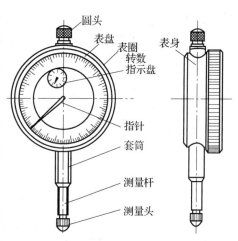

图 2-5 百分表

平行度。将需要检测的轴装在 V 形架上,使百分表的测量头压到被测零件表面上,用手转动轴,就可测出轴的径向圆跳动。

百分表不用时,应解除所有负荷,用软布把表面擦净,并在容易生锈的表面上涂一层工业凡士林,然后装入匣内。

5. 钢直尺

钢直尺由不锈钢板制成,是用来测量直线尺寸(如长、宽、高)和距离的一种量具。由于它结构简单、使用方便,所以应用极其广泛。使用钢直尺测量时,必须使钢直尺的零线和被测量工件的边缘相重合。如果零线模糊不清或有损坏时,可以改用 10 mm 刻度线作为起点。读数时,视线必须和钢直尺的尺面垂直,否则将因视线歪斜而造成读数误差。

钢直尺右端的小孔是悬挂孔,用后擦净,将尺子挂起。若无处悬挂或尺子无悬挂孔,应将尺子平放在平台上,以防变形。

2.2.2 通用量规量仪

1. 塞尺

塞尺是由一些不同厚度的薄钢片组成的测量工具。每一片上都标有厚度。在机械修理中,塞尺常用来检验结合面之间的间隙。它与平尺和等高垫铁结合使用,还可检验工作台台面的平面度。塞尺一般成组供应。成组塞尺的外形如图 2-6 所示。

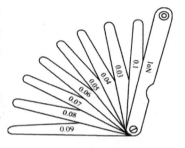

图 2-6 成组塞尺

使用时,要将塞尺表面和要测量的间隙内部清扫干净,选择适当厚度的塞尺片插入间隙内进行测量(用力不要过大,松紧要适度);如果没有合适厚度的塞尺片,可同时组合几片(一般不要超过 3 片)来测量,根据插入塞尺片的厚度即可得出间隙的大小。

由于塞尺片很薄,容易折断,所以使用时要特别小心,切忌用塞尺在过小的间隙中强行插进或抽出,并且不能用塞尺测量发热的工件。塞尺使用后,要在表面涂防锈油,并妥善保存。

2. 螺纹样板

螺纹样板是一种带有不同螺距牙型的薄钢片,通过互相比较来确定被测螺纹的螺距。螺纹样板的外形如图 2-7 所示。

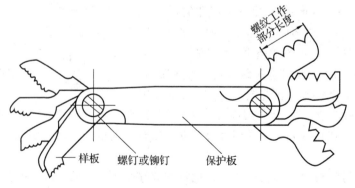

图 2-7 螺纹样板

螺纹样板主要用于低精度螺纹零件的螺距和牙型角的检验。检验螺距时，将螺纹样板卡在被测螺纹零件上，如果不密合，就另换一片，直至密合为止，这时该螺纹样板上标记的尺寸即为被测螺纹零件的螺距。检验牙型角时，把螺距相同的螺纹样板放在被测螺纹上面，然后检查其接触情况。如果没有间隙透光，则说明螺纹的牙型角是准确的。如果有透光现象，则说明被测螺纹的牙型角不准确。

思考与练习

1. 金属材料常用的力学性能指标有哪些？各代表什么意义？
2. 铸铁如何分类？工业上广泛应用的是哪类铸铁？
3. 钢和铁的主要区别是什么？
4. 游标卡尺的测量精度是指什么？千分尺的测量精度是多少？
5. 简述游标卡尺的读数方法，并正确读出图2-8的游标卡尺读数。

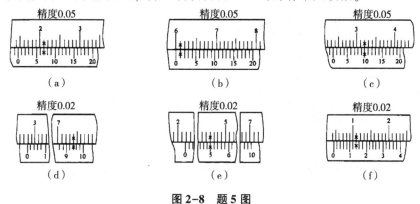

图 2-8 题 5 图

6. 简述千分尺的读数方法，并正确读出图2-9的千分尺读数。

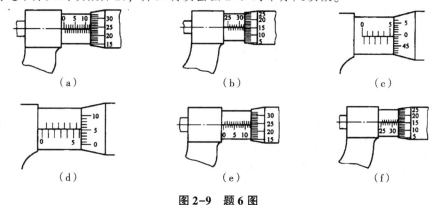

图 2-9 题 6 图

7. 简述百分表的读数方法。

第3章 铸造

3.1 铸造概述

铸造是将熔化的金属液体浇注到与零件形状相似的铸型中,待其冷却凝固后获得一定形状和性能的毛坯或零件的成型方法。

3.1.1 铸造及其特点

铸件一般是毛坯,需经切削加工后才能成为零件。对精度要求较低和表面粗糙度参数值允许较大的零件,或经过特种铸造方法生产的铸件也可直接使用。

1. 铸造方法

铸造生产方法很多,常见有以下两类。

(1) 砂型铸造:用型砂紧实成型的铸造方法。型砂来源广泛,价格低廉,且砂型铸造方法适应性强,因而是目前生产中用得最多、最基本的铸造方法。

(2) 特种铸造:与砂型铸造不同的其他铸造方法,如熔模铸造、金属型铸造、压力铸造、低压铸造和离心铸造等。

2. 铸造生产的优点

(1) 可以制成外形和内腔十分复杂的毛坯,如各种箱体、床身、机架等,适用范围广。

(2) 可铸造不同尺寸、质量及各种形状的工件;也适用于不同材料,如铸铁、铸钢、非铁合金。铸件质量可以从几克到数百吨以上。

(3) 原材料来源广泛,还可利用报废的机件或切屑,工艺设备费用小,成本低。

(4) 所得铸件与零件尺寸较接近,可节省金属的消耗,减少切削加工工作量。

但铸件也有力学性能较差、生产工序多、质量不稳定、工人劳动条件差等缺点。随着铸造合金、铸造工艺技术的发展,特别是精密铸造的发展和新型铸造合金的成功应用,使铸件的表面质量、力学性能都有显著提高,铸件的应用范围日益扩大。

铸件广泛用于机床制造、动力、交通运输、轻纺机械、冶金机械等设备。铸件质量约占机器总质量的 40%~85%。

3.1.2 砂型铸造工艺过程

砂型铸造的工艺过程如图3-1所示。

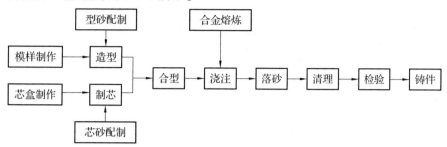

图3-1　砂型铸造的工艺过程

根据零件的形状和尺寸，设计制造模样和型芯盒；配制型砂和芯砂；用模样制造砂型；用型芯盒制造型芯；把烘干的型芯装入砂型并合型；将熔化的液态金属浇入铸型；凝固后经落砂、清理、检验即得铸件。图3-2为铸件生产流程。

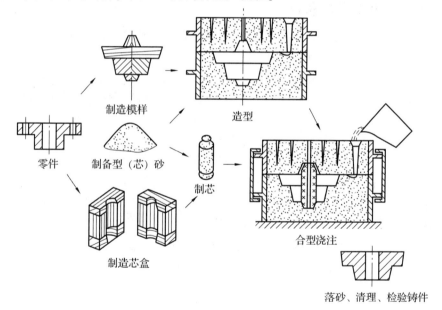

图3-2　铸件生产流程

3.1.3 铸型的组成

铸型是根据零件形状用造型材料制成的，铸型可以是砂型，也可以是金属型。

砂型是由型砂（型芯砂）等造型材料制成的。它一般由上型、下型、型芯、型腔和浇注系统组成，如图3-3所示。铸型之间的接合面称为分型面。铸型中造型材料所包围的空腔部分，即形成铸件本体的空腔称为型腔。液态金属通过浇注系统流入并充填型腔，产生的气体从出气口等处排出砂型。

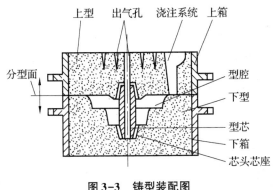

图 3-3 铸型装配图

3.2 砂型铸造

3.2.1 型砂和芯砂的制备

砂型铸造用的造型材料主要是用于制造砂型的型砂和用于制造砂芯的芯砂。型砂通常由耐火度较高的原砂（山砂或河砂）、黏土和水按一定比例混合而成，其中黏土约为9%，水约为6%，其余为原砂。有时还加入少量如煤粉、植物油、木屑等附加物以提高型砂和芯砂的性能。型砂的各种原材料是在混砂机中均匀混合制成黏土砂，紧实后的型砂结构如图3-4所示。

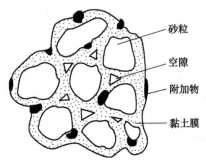

图 3-4 型砂结构

芯砂由于需求量少，一般用手工配制；需求量大时，可用机器配制。有些要求高的小型铸件往往采用油砂芯（桐油+砂粒，经烘烤至黄褐色而成）。对于大中型铸件，芯砂已普遍采用树脂砂制造。

3.2.2 型砂的性能

型砂的质量直接影响铸件的质量，型砂质量差会使铸件产生气孔、砂眼、黏砂、夹砂等缺陷。良好的型砂应具备下列性能。

1. 透气性

透气性指型砂能让气体透过的能力。高温金属液浇入铸型后，型内充满大量气体，这些气体必须由铸型内顺利排出去,否则将使铸件产生气孔、浇不足等缺陷。

铸型的透气性受砂的粒度、黏土含量、水分含量及砂型紧实度等因素的影响。砂的粒度越细,黏土及水分含量越高,砂型紧实度越高,透气性则越差。

2. 强度

强度指型砂抵抗外力破坏的能力。型砂必须具备足够高的强度才能在造型、搬运、合箱过程中不引起塌陷,浇注时也不会因金属液的冲击破坏铸型表面。型砂的强度也不宜过高,否则会因透气性、退让性的下降使铸件产生缺陷。

3. 耐火性

耐火性指型砂抵抗高温热作用的能力。耐火性差,铸件易产生黏砂。型砂中 SiO_2 含量越多,型砂颗粒度越大,耐火性越好。

4. 可塑性

可塑性指型砂在外力作用下变形,去除外力后能完整地保持已有形状的能力。可塑性好,造型操作方便,制成的砂型形状准确、轮廓清晰。

5. 退让性

退让性指铸件在冷凝时,型砂可被压缩的能力。退让性不好,铸件易产生内应力或开裂。型砂越紧实,退让性越差。在型砂中加入木屑等材料可以提高退让性。

由于型芯所处的环境恶劣,故芯砂性能要求比型砂高,同时由于芯砂的黏结剂用量(黏土、树脂、油类等)比型砂中的黏结剂的比例要大一些,所以其透气性不及型砂,制芯时要做出透气道(孔)。

在单件小批生产的铸造车间里,常用手捏法来粗略判断型砂的某些性能,如用手抓起一把型砂,紧捏时感到柔软容易变形,放开后砂团不松散、不粘手,并且手印清晰;把它折断时,断面平整均匀并没有碎裂现象,同时感到具有一定强度,就认为型砂具有了合适的性能要求,如图 3-5 所示。对大批量生产的铸造用型砂、芯砂则必须通过相应仪器检测其性能。

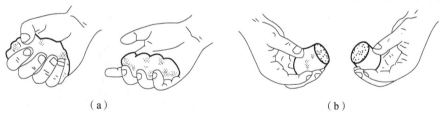

(a)　　　　　　　　　　(b)

图 3-5　手捏法检验型砂

3.2.3　模样和芯盒的制造

模样是铸造生产中必要的工艺装备。对具有内腔的铸件,铸造时内腔由砂芯形成,因此还要制备造砂芯用的芯盒。制造模样和芯盒常用的材料有木材、金属和塑料等。在单件、小批量生产时广泛采用木质模样和芯盒,在大批量生产时多采用金属或塑料模样、芯盒。金属模样与芯盒的使用寿命长达 10 万~30 万次,塑料模样与芯盒的使用寿命最多几万次,而木质塑料模样与芯盒的使用寿命仅 1 000 次左右。

为了保证铸件质量,在设计和制造模样和芯盒时,必须先设计出铸造工艺图,然后根据工艺图的形状和大小，制造模样和芯盒。在设计工艺图时，要考虑下列一些问题：

（1）分型面的选择。分型面是上、下砂型的分界面，选择分型面时必须使模样能从砂型中取出，并使造型方便和有利于保证铸件质量。

（2）拔模斜度。为了易于从砂型中取出模样，凡垂直于分型面的表面，都需做出 0.5°～4°的拔模斜度。

3.3 造型

用型砂及模样等工艺装备制造铸型的过程称为造型。造型方法可分为手工造型和机器造型两大类。

手工造型是全部用手工或手动工具紧实型砂的造型方法，其操作灵活，无论铸件结构复杂程度、尺寸大小如何，都能适应。因此在单件、小批生产中，特别是不能用机器造型的重型复杂铸件，常采用手工造型。手工造型生产率低，铸件表面质量差，要求工人技术水平高，劳动强度大。随着现代化生产的发展，机器造型已代替了大部分的手工造型，机器造型不但生产率高，而且质量稳定，是成批、大量生产铸件的主要方法。

3.3.1 手工造型

手工造型的方法很多：按砂箱特征分有两箱造型、三箱造型、地坑造型等；按模样特征分有整模造型、分模造型、挖砂造型、假箱造型、活块造型和刮板造型等。可根据铸件的形状、大小和生产批量加以选择。常用的手工造型方法介绍如下。

1. 两箱整模造型

盘类的两箱整模造型过程如图 3-6 所示。两箱整模造型的特点是：模样是整体结构，最大截面在模样一端为平面；分型面多为平面；操作简单。两箱整模造型适用于形状简单的铸件，如盘类、轴承、盖类。

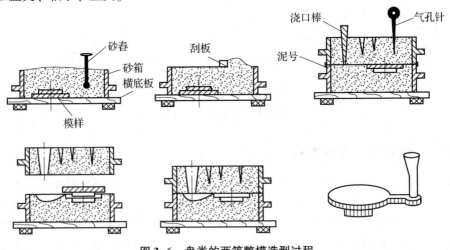

图 3-6 盘类的两箱整模造型过程

2. 两箱分模造型

两箱分模造型的特点是：模样是分开的，模样的分开面（称为分模面）必须是模样的最大截面，以利于起模；分型面与分模面相重合。分模造型过程与整模造型基本相似，不同的是造上型时增加放上模样和取上模样两个操作。套筒的两箱分模造型过程如图 3-7 所示。两箱分模造型主应用于某些没有平整表面，最大截面在模样中部的铸件，如套筒、管子和阀体等，以及形状复杂的铸件。

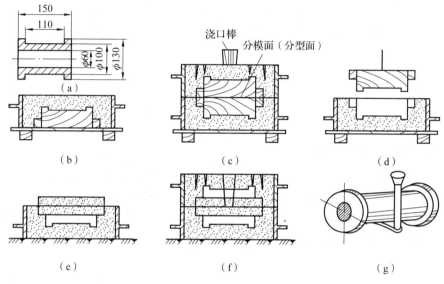

图 3-7 套筒的两箱分模造型过程

（a）零件图；（b）造下型；（c）造上型；（d）开箱、起模；（e）开浇口、下芯；（f）合型；（g）带浇口的铸件

3. 活块模造型

模样上可拆卸或能活动的部分叫活块。当模样上有妨碍起模的侧面伸出部分（如小凸台）时，常将该部分做成活块。起模时，先将模样主体取出，再将留在铸型内的活块单独取出，这种方法称为活块模造型。用钉子连接的活块模造型如图 3-8 所示，应注意先将活块四周的型砂塞紧，然后拔出钉子。

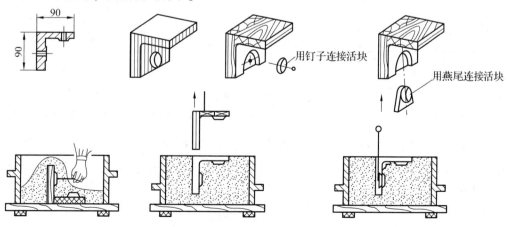

图 3-8 用钉子连接的活块模造型

活块模造型的操作难度较大,生产率低,仅适用于单件生产。当产量较大时,可用外型芯取代活块,从而将活块造型改为整模造型,使造型容易,如图 3-9 所示。

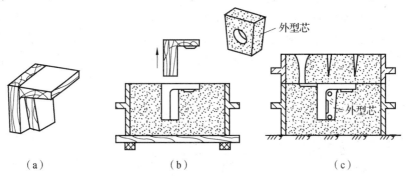

图 3-9 用外型芯取代活块
(a) 模样;(b) 取模、下芯;(c) 合型

4. 挖砂造型和采用外型芯的两箱造型

有些铸件如手轮、法兰盘等,最大截面不在端部,而模样又不能分开时,只能做成整模放在一个砂型内,为了起模,需在造好下砂型翻转后,挖掉妨碍起模的型砂至模样最大截面处,其下型分型面被挖成曲面或有高低变化的阶梯形状(称不平分型面),这种方法称为挖砂造型。手轮的挖砂造型过程如图 3-10 所示。

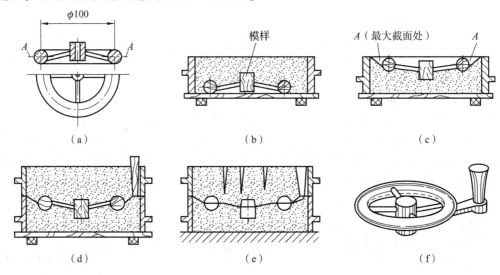

图 3-10 手轮的挖砂造型过程
(a) 零件图;(b) 造下型;(c) 翻下型、挖修分型面;(d) 造上型、敞箱、起模;(e) 合箱;(f) 带浇口的铸件

三箱分模造型的操作程序复杂,必须有与模样高度相适应的中箱,因此难以应用于机器造型。当生产量大时,可采用外型芯(如环形型芯)的办法。将三箱分模造型改为两箱整模造型(见图 3-11)以及两箱分模造型(见图 3-12),以适应机器两箱造型。

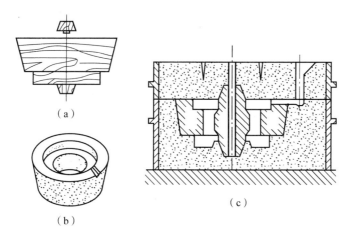

图 3-11 采用外型芯的两箱整模造型
(a) 模样；(b) 外型芯；(c) 合型

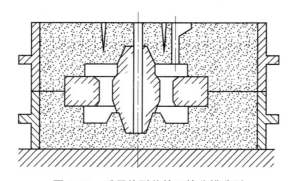

图 3-12 采用外型芯的两箱分模造型

3.3.2 制芯

为获得铸件的内腔或局部外形，用芯砂或其他材料制成的、安放在型腔内部的铸型组元称为型芯。绝大部分型芯是用芯砂制成的。砂芯的质量主要依靠配制合格的芯砂及采用正确的制芯工艺来保证。

浇注时砂芯受高温液体金属的冲击和包围，因此除要求砂芯具有与铸件内腔相应的形状外，还应具有较好的透气性、耐火性、退让性、强度等性能，故要选用杂质少的石英砂和用植物油、树脂、水玻璃等黏结剂来配制芯砂，并在砂芯内放入金属芯骨和扎出通气孔以提高强度和透气性。

形状简单的大、中型型芯，可用黏土砂来制造。但对形状复杂和性能要求很高的型芯来说，必须采用特殊黏结剂来配制，如油砂、合脂砂和树脂砂等。

另外，芯砂还应具有一些特殊的性能，如吸湿性要低（以防止合箱后型芯返潮）；发气要少（金属浇注后，型芯材料受热而产生的气体应尽量少）；出砂性要好（以便于清理时取出型芯）。

型芯一般是用芯盒制成的，对开式芯盒制芯是常用的手工制芯方法，适用于圆形截面的较复杂型芯，制芯过程如图 3-13 所示。

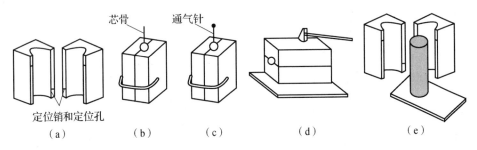

图 3-13 对开式芯盒制芯过程

(a) 准备芯盒；(b) 夹紧芯盒，分次加入芯砂、芯骨，舂砂；(c) 刮平、扎通气孔；
(d) 松开夹子，轻敲芯盒；(e) 打开芯盒，取出砂芯，上涂料

3.3.3 机器造型

机器造型的实质是把造型过程中的主要操作——紧砂与起模实现机械化。为了提高生产率，采用机器造型的铸件，应尽可能避免活块和砂芯，同时机器造型只适合两箱造型，因无法造出中箱，故不能进行三箱造型。机器造型根据紧砂和起模方式不同，有气动微振压实造型、高压造型、射压造型、抛砂造型。现介绍两种机器造型机。

1. 气动微振压实造型机

气动微振压实造型机是以压缩空气为动力，在高频率（700～1 000 次/min）、低振幅（5～10 mm）微振下，利用型砂的惯性紧实作用，同时或随后加压紧实型砂的方法。常采用两台造型机配对使用，分别用于上型和下型。这种造型机噪声较小，型砂紧实度均匀，生产率高。气动微振压实造型机的工作原理如图 3-14 所示。

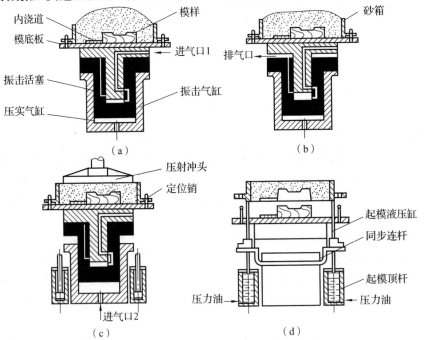

图 3-14 气动微振压实造型机的工作原理

(a) 填砂；(b) 振击紧砂；(c) 辅助压实；(d) 起模

2. 多触头高压造型机

高压造型的压实比压大于 0.7 MPa，砂型紧实度高，铸件尺寸精度较高，铸件表面粗糙度低，铸件致密性好，与脱箱或无箱射压造型相比，高压造型辅机多，砂箱数量大，造价高，需造型流水线配套。比较适用于像汽车制造这类生产批量大、质量要求高的现代化生产，我国各大汽车制造厂已有这类生产线的引进。

多触头由许多可单独动作的触头组成，可分为主动伸缩的主动式触头和浮动式触头。多触头高压造型机使用较多的是弹簧复位浮动式多触头，其工作原理如图 3-15 所示。当压实活塞向上推动时，高压触头将型砂从余砂框压入砂箱，而自身在多触头箱体的相互连通的油腔内浮动，以适应不同形状的模样，使整个型砂得到均匀的紧实度。多触头高压造型机通常也配备气动微振装置，以便增加工作适应能力。

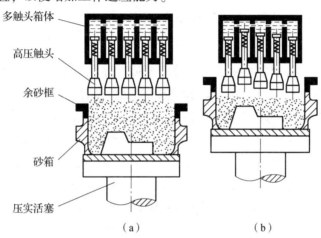

图 3-15 多触头高压造型机的工作原理

（a）原始位置；（b）压实位置

3.3.4 浇冒口系统

1. 浇注系统

浇注系统是为金属液流入型腔而开设于铸型中的一系列通道。其作用是：平稳、迅速地注入金属液；阻止熔渣、砂粒等进入型腔；调节铸件各部分温度，补充金属液在冷却和凝固时的体积收缩。

正确地设置浇注系统，对保证铸件质量、降低金属的消耗具有重要的意义。若浇注系统开设得不合理，铸件易产生冲砂、砂眼、渣孔、浇不到、气孔和缩孔等缺陷。典型的浇注系统由外浇口、直浇道、横浇道和内浇道四部分组成，如图 3-16 所示。形状简单的小铸件可以省略横浇道。

（1）外浇口：作用是容纳注入的金属液并缓解液

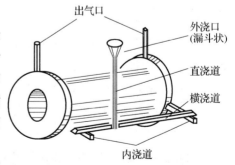

图 3-16 典型浇注系统

态金属对砂型的冲击。小型铸件通常为漏斗状（称浇口杯），较大型铸件通常为盆状（称浇口盆）。

（2）直浇道：连接外浇口与横浇道的垂直通道。改变直浇道的高度可以改变金属液的静压力大小和改变金属液的流动速度，从而改变液态金属的充型能力。如果直浇道的高度或直径太小，会使铸件产生浇不足的现象。为便于取出直浇道棒，直浇道一般做成上大下小的圆锥形。

（3）横浇道：将直浇道的金属液引入内浇道的水平通道，一般开设在砂型的分型面上，其截面形状一般是高梯形，并位于内浇道的上面。横浇道的主要作用是分配金属液进入内浇道和挡渣。

（4）内浇道：直接与型腔相连，并能调节金属液流入型腔的方向和速度、调节铸件各部分的冷却速度。内浇道的截面形状一般是扁梯形或月牙形，也可为三角形。

2. 冒口

常见的缩孔、缩松等缺陷是由于铸件冷却凝固时体积收缩而产生的。为防止缩孔和缩松，往往在铸件的顶部或厚大部位以及最后凝固的部位设置冒口。冒口中的金属液可不断地补充铸件的收缩，从而使铸件避免出现缩孔、缩松。常用的冒口分为明冒口和暗冒口。冒口的上口露在铸型外的称为明冒口，明冒口的优点是有利于型内气体排出，便于从冒口中补加热金属液，缺点是消耗金属液多。位于铸型内的冒口称为暗冒口，浇注时看不到金属液冒出，其优点是散热面积小，补缩效率高，利于减小金属液消耗。冒口是多余部分，清理铸型时要切除掉。冒口除了补缩作用外，还有排气和集渣的作用。

3.3.5 造型的基本操作

造型方法很多，但每种造型方法大都包括舂砂、起模、修型、合型等工序。

1. 造型模样

模样是铸造生产中必要的工艺装备。用木材、金属或其他材料制成的铸件原形统称为模样，它的作用是形成铸型的型腔。用木材制作的模样称为木模，用金属或塑料制成的模样称为金属模或塑料模。目前大多数工厂使用的是木模。模样的外形与铸件的外形相似，不同的是铸件上如有孔穴，在模样上不仅实心无孔，而且要在相应位置制作出芯头。

2. 造型前的准备工作

（1）准备造型工具，选择平整的底板和大小适应的砂箱。砂箱选择过大，不仅消耗过多的型砂，而且浪费舂砂工时。砂箱选择过小，则木模周围的型砂舂不紧，在浇注的时候金属液容易从分型面的交界面间流出。通常，木模与砂箱内壁及顶部之间须留有 30～100 mm 的距离，此距离称为吃砂量。吃砂量的具体数值视木模大小而定。图 3-17 为常用的手工造型工具。

（2）擦净木模，以免造型时型砂粒黏在木模上，造成起模时损坏型腔。

（3）安放木模，应注意木模上的斜度方向，不要把它放错。

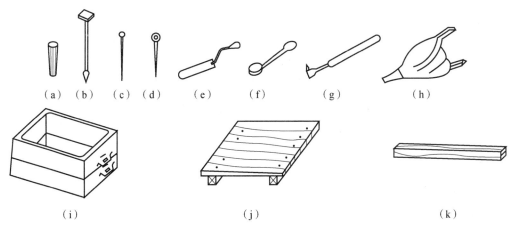

图 3-17 常用手工造型工具

(a) 浇口棒；(b) 砂冲子；(c) 通气针；(d) 起模针；(e) 墁刀；(f) 秋叶；(g) 砂勾；
(h) 皮老虎；(i) 砂箱；(j) 底板；(k) 刮砂板

3. 春砂

(1) 春砂时必须分次加入型砂。对小砂箱每次加砂厚为 50～70 mm。加砂过多春不紧，而加砂过少又浪费工时。第一次加砂时须用手将木模周围的型砂按紧，以免木模在砂箱内的位置移动。然后用春砂锤的尖头部位分次春紧，最后改用春砂锤的平头春紧型砂的最上层。

(2) 春砂应按一定的路线进行。切不可东一下、西一下乱春，以免各部分松紧不一。

(3) 春砂用力大小应该适当，不要过大或过小。用力过大，砂型太紧，浇注时型腔内的气体跑不出来；用力过小，砂型太松易塌箱。同一砂型各部分的松紧是不同的，靠近砂箱内壁处应春紧，以免塌箱；靠近型腔部分，砂型应稍紧些，以承受液体金属的压力；远离型腔的砂层应适当松些，以利透气。

(4) 春砂时应避免春砂锤撞击木模。一般春砂锤与木模相距 20～40 mm，否则易损坏木模。

4. 撒分型砂

在造上砂型之前，应在分型面上撒一层细粒无黏土的干砂（即分型砂），以防止上、下砂箱黏在一起开不了箱。撒分型砂时，手应距砂箱稍高，一边转圈、一边摆动，使分型砂经指缝缓慢而均匀散落下来，薄薄地覆盖在分型面上。最后应将木模上的分型砂吹掉，以免在造上砂型时，分型砂黏到上砂型表面，而在浇注时被液体金属冲落下来导致铸件产生缺陷。

5. 扎通气孔

除了保证型砂有良好的透气性外，还要在已春紧和刮平的型砂上，用通气针扎出通气孔，以便浇注时气体逸出。通气孔要垂直而且均匀分布。

6. 开外浇口

外浇口应挖成 60°的锥形，大端直径为 60～80 mm（视铸件大小而定）。浇口面应修光，与直浇道连接处应修成圆弧状过渡，以引导液体金属平稳流入砂型。若外浇口挖得太浅而成碟形，则浇注液体金属时会四处飞溅伤人。

7. 做合箱线

若上、下砂箱没有定位销，则应在上、下砂型打开之前，在砂箱壁上做出合箱线。最简单的方法是在箱壁上涂上粉笔灰，然后用划针画出细线。需进炉烘烤的砂箱，则用砂泥黏敷在砂箱壁上，用墁刀抹平后，再刻出线条，称为打泥号。合箱线应位于砂箱壁上两直角边最远处，以保证 x 和 y 方向均能定位。两处合箱线的线数应不相等，以免合箱时弄错。做线完毕，即可开箱起模。

8. 起模

（1）起模前要用水笔沾些水，刷在木模周围的型砂上，以防止起模时损坏砂型型腔。刷水时应一刷而过，不要使水笔停留在某一处，以免局部水分过多而在浇注时产生大量水蒸气，使铸件产生气孔缺陷。

（2）起模针位置要尽量与木模的重心铅锤线重合。起模前，要用小锤轻轻敲打起模针的下部，使木模松动，便于起模。

（3）起模时，慢慢将木模垂直提起，待木模即将全部起出时，然后快速取出。起模时注意不要偏斜和摆动。

9. 修型

起模后，型腔如有损坏，应根据型腔形状和损坏程度，正确使用各种修型工具进行修补。如果型腔损坏较大，可将木模重新放入型腔进行修补，然后再起出。

10. 合型

将上型、下型、型芯、浇口杯等组合成一个完整铸型的操作过程称为合型，又称合箱。合型是制造铸型的最后一道工序，直接关系到铸件的质量。即使铸型和型芯的质量很好，若合型操作不当，也会引起气孔、砂眼、错箱、偏芯、飞边和跑火等缺陷。合型时应注意以下内容。

（1）铸型的检验和装配。检查型芯是否烘干，有无破损。下芯前，应先清除型腔、浇注系统和型芯表面的浮砂，并检查型腔形状、尺寸和排气道是否通畅。型砂在砂型中的位置应该准确稳固，避免浇注时被液体金属冲偏，在芯头与砂型芯座的间隙处填满泥条或干砂，防止浇注时金属液钻入芯头而堵死排气道，然后导通砂芯和砂型的排气道。最后，平稳、准确地合上上型：合箱时应注意使上砂箱保持水平下降，并应对准合箱线，防止错箱。合箱后最好用纸或木片盖住浇口，以免砂子或杂物落入浇口。

（2）铸型的紧固。为避免由于金属液作用于上砂箱引发的抬箱力而造成的缺陷，装配好的铸型需要紧固。单件小批生产时，多使用压铁压箱，压铁质量一般为铸件质量的 3～5 倍。成批、大量生产时，可使用压铁、卡子或螺栓紧固铸型。紧固铸型时应注意用力均匀、对称；先紧固铸型，再拔合型定位销；压铁应压在砂箱箱壁上。铸型紧固后即可浇注，待铸件冷凝后，开箱落砂清除浇冒口便可获得铸件。

（3）加工余量。铸件需要加工的表面，均需留出适当的加工余量。

（4）收缩量。铸件冷却时要收缩，模样的尺寸应考虑铸件收缩的影响。通常用于铸铁件的要加大 1%，用于铸钢件的加大 1.5%～2%，用于铝合金件的加大 1%～1.5%。

（5）铸造圆角。铸件上各表面的转折处，都要做成过渡性圆角，以利于造型及保证铸件质量。

(6) 芯头。有砂芯的砂型，必须在模样上做出相应的芯头，以支撑和固定型芯。

图 3-18 为压盖零件的铸造工艺图及相应的模样图。从图中可看出模样的形状和零件图是不完全相同的。

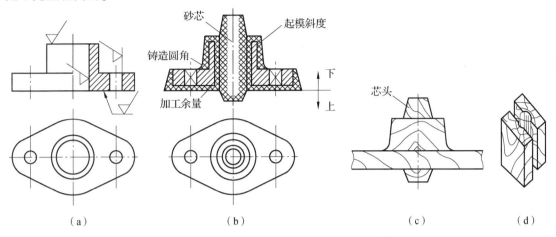

图 3-18　压盖零件的铸造工艺图及相应的模样图
(a) 零件图；(b) 铸造工艺图；(c) 模样图；(d) 芯盒

3.4　金属的熔炼与浇注

金属熔炼的目的是要获得符合要求的液态金属。不同类型的金属，需要采用不同的熔炼方法及设备，如铸铁的熔炼多采用冲天炉；钢的熔炼采用转炉、平炉、电弧炉、感应电炉等；而非铁金属如铝、铜合金等的熔炼，则采用坩埚炉。

3.4.1　铸铁的熔炼

在铸造生产中，铸铁件占铸件总质量的 70%～75%，其中绝大多数采用灰铸铁。为获得高质量的铸铁件，首先要熔化出优质铁水。

1. 铸件的熔炼要求

(1) 铁水温度要高。
(2) 铁水化学成分要稳定在所要求的范围内。
(3) 提高生产率，降低成本。

2. 铸件的熔炼设备

1) 冲天炉的构造

冲天炉是铸铁熔炼的设备，如图 3-19 所示。炉身是用钢板弯成的圆筒形，内砌以耐火砖炉衬。炉身上部有加料口、烟囱、火花罩，中部有热风胆，下部有热风带，风带通过风口与炉内相通。从鼓风机送来的空气，通过热风胆加热后经风带进入炉内，供燃烧用。风口以下为炉缸，熔化的铁液及炉渣从炉缸底部流入前炉。

冲天炉的大小以每小时能熔炼出铁液的质量来表示，常用的为 1.5～10 t/h。

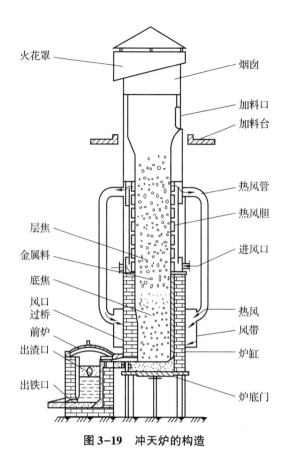

图 3-19 冲天炉的构造

2) 冲天炉炉料及其作用

（1）金属料。金属料包括生铁、回炉铁、废钢和铁合金等。生铁是对铁矿石经高炉冶炼后的铁碳合金块，是生产铸铁件的主要材料；回炉铁包括浇口、冒口和废铸件等，利用回炉铁可节约生铁用量，降低铸件成本；废钢是机加工车间的钢料头及钢切屑等，加入废钢可降低铁液碳的含量，提高铸件的力学性能；铁合金如硅铁、锰铁、铬铁以及稀土合金等，用于调整铁液化学成分。

（2）燃料。冲天炉熔炼多用焦炭作燃料。焦炭的加入量一般为金属料的 1/12～1/8，这一数值称为焦铁比。

（3）熔剂。熔剂主要起稀释熔渣的作用。在炉料中加入石灰石（$CaCO_3$）和萤石（CaF_2）等矿石，会使熔渣与铁液容易分离，便于熔渣清除。熔剂的加入量为焦炭的 25%～30%。

3) 冲天炉的熔炼原理

在冲天炉熔炼过程中，炉料从加料口加入，自上而下运动，被上升的高温炉气预热，温度升高；鼓风机鼓入炉内的空气使底焦燃烧，产生大量的热。当炉料下落到底焦顶面时，开始熔化。铁水在下落过程中被高温炉气和灼热焦炭进一步加热（过热），过热的铁水温度可达 1 600 ℃ 左右，然后经过过桥流入前炉。此后铁水温度稍有下降，最后出铁温度为 1 380～1 430 ℃。

冲天炉内铸铁熔炼的过程并不是金属炉料简单重熔的过程，而是包含一系列物理、化学变化的复杂过程。熔炼后的铁水成分与金属炉料相比较，含碳量有所增加；硅、锰等合金元素含量因烧损会降低；硫含量升高，这是焦炭中的硫进入铁水中所引起的。

3.4.2 铝合金的熔炼

铝合金的熔炼过程如图3-20所示。

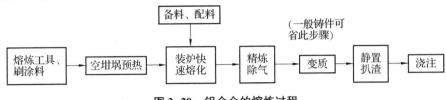

图3-20 铝合金的熔炼过程

1. 根据牌号要求进行配料计算和备料

以铝锭质量为计算依据（因铝锭不好锯切加工），再反求其他化学成分。如新料成分占大部分，可按化学成分的上限值配料，一般减去烧损后仍能达标。注意，所有炉料均要烘干后再投入坩埚内，尤其是在湿度大的季节，以免铝液含气量大，即使通过除气工序也很难除净。

2. 空坩锅预热

预热空坩锅到暗红后再投入金属料并加入烘干后的覆盖剂（以熔融后刚刚能覆盖住铝液表面为宜），快速升温熔化。若用焦炭坩埚炉熔炼时，铝液开始熔成液体后，须停止鼓风，在非阳光直射时观察，若铝液表面呈微暗红色（温度为680~720℃），可以除气。值得注意的是：在铝合金熔炼中所使用的所有工具都应预热干燥，以防潮湿工具与铝液接触时产生爆炸。

3. 精炼

常使用六氯乙烷（C_2Cl_6）精炼。用钟罩（形状如反转的漏勺）压入为炉料总量0.2%~0.3%的C_2Cl_6，最好压成块状。钟罩压入深度距坩锅底部100~150 mm，并做水平缓慢移动，此时，C_2Cl_6和铝液发生下列反应：

$$3C_2Cl_6 + 2Al \xrightarrow{\triangle} 2AlCl_3\uparrow + 3C_2Cl_4\uparrow$$

反应形成大量气泡，将铝液中的H_2及Al_2O_3夹杂物带到液面，使合金得到净化。注意，精炼时应通风良好，因为C_2Cl_6预热分解的Cl_2和C_2Cl_4均为强刺激性气体。除气精炼后立刻除去熔渣，静置5~10 min。

接着检查铝液的含气量。常用如下办法检测：用小铁勺舀少量铝液，稍降温片刻后，用废钢锯片在液面拨动，如没有针尖突起的气泡，则证明除气效果好，如仍有为数不少的气泡，应再进行一次除气操作。

4. 浇注

对于一般要求的铸件在检查其含气量后就可浇注。浇注时视铸件厚薄和铝液温度高低，分别控制不同的浇注速度。浇注时浇包对准浇口杯先慢浇，待液流平稳后，快速浇入，见合金液上升到冒口颈部后浇速变慢，以增强冒口补缩能力。如有型芯的铸件，在即将浇入铝液时用火焰在通气孔处引气，可减少或避免"呛火"现象和型芯气体进入铸件的可能。

5. 变质

对要求提高力学性能的铸件还应在精炼后，在730~750℃时，用钟罩压入为炉料总量1%~2%的变质剂。常用变质剂配方为：NaCl 35% + NaF 65%。

6. 获得优质铝液的主要措施

隔离（隔绝合金液与炉气），除气，除渣，尽量少搅拌，严格控制工艺过程。

3.4.3 合金的浇注

把液体合金浇入铸型的过程称为浇注。浇注是铸造生产中的一个重要环节。浇注工艺是否合理，不仅影响铸件质量，还涉及工人的安全。

1. 浇注工具

浇注常用工具有浇包（见图3-21）、挡渣钩等。浇注前应根据铸件大小、批量选择合适的浇包，并对浇包和挡渣钩等工具进行烘干，以免降低金属液温度及引起液体金属的飞溅。

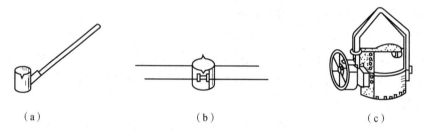

图 3-21 浇包
(a) 手提浇包；(b) 抬包；(c) 吊包

2. 浇注工艺

1) 浇注温度

浇注温度过高，铁液在铸型中收缩量增大，易产生缩孔、裂纹及黏砂等缺陷；温度过低则铁液流动性差，又容易出现浇不足、冷隔和气孔等缺陷。合适的浇注温度应根据合金种类和铸件的大小、形状及壁厚来确定。对形状复杂的薄壁灰铸铁件，浇注温度为 1 400 ℃ 左右；对形状较简单的厚壁灰铸铁件，浇注温度为 1 300 ℃ 左右即可；而铝合金的浇注温度一般 700 ℃ 左右。

2) 浇注速度

浇注速度太慢，铁液冷却快，易产生浇不足、冷隔以及夹渣等缺陷；浇注速度太快，则会使铸型中的气体来不及排出而产生气孔，同时易造成冲砂、抬箱和跑火等缺陷。铝合金液浇注时勿断流，以防铝液氧化。

3) 浇注的操作

浇注前应估算好每个铸型需要的金属液量，安排好浇注路线，浇注时应注意挡渣。浇注过程中应保持外浇口始终充满，这样可防止熔渣和气体进入铸型。

浇注结束后，应将浇包中剩余的金属液倾倒到指定地点。

4) 浇注时的注意事项

(1) 浇注是高温操作，必须注意安全，必须穿着工作服和工作皮鞋。

(2) 浇注前，必须清理浇注时行走的通道，预防意外跌撞。

(3) 必须烘干烘透浇包，检查砂型是否紧固。

(4) 浇包中金属液不能盛装太满，吊包液面应低于包口 100 mm 左右，抬包和端包液面应低于包口 60 mm 左右。

3.4.4 铸件的落砂及清理

1. 落砂

将铸件从砂型中取出来的过程称为落砂。落砂前要掌握好开箱时间。开箱过早会造成铸件表面硬而脆，使机械加工困难；开箱太晚则会增加场地的占用时间，影响生产效率。一般在浇注后 1 h 左右开始落砂。

落砂的方法有手工落砂和机械落砂两种。在小批量生产中，一般采用手工落砂；在大批量生产中则多采用振动落砂机落砂，如图 3-22 所示。

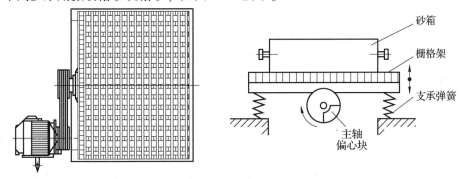

图 3-22 振动落砂机

2. 清理

（1）去除浇冒口：铸铁可用铁锤敲掉浇冒口，铸钢则要用气割割掉，有色金属用锯子锯掉。

（2）清除型芯：铸件内部的型芯及芯骨多用手工清除。对于批量生产，也可用振动出芯机或水力清砂装置清除型芯。

（3）清理表面黏砂：铸件表面往往会黏结一层被烧结的砂子，需要清除。轻者可用钢丝刷刷掉，重者则需用錾子、风铲等工具清除。批量较大时，大、中型铸件可以在抛丸室内进行清理（这里不予介绍），小型铸件可用抛丸清理滚筒进行清理，如图 3-23 所示。

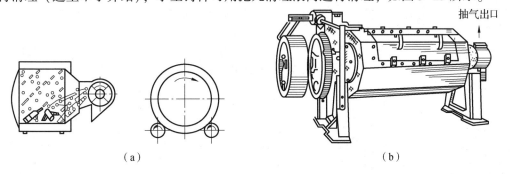

图 3-23 抛丸清理滚筒
（a）抛丸清理滚筒；（b）清理滚筒

抛丸清理滚筒的清理原理：一是利用滚筒的旋转，其内壁的斜筋不断地翻转铸件，使铸件互相不断地碰撞、摩擦而进行清理；二是从抛丸器里抛射出来的铁丸不断地打击铸件表面而进行清理。

3. 去除毛刺和披缝

用錾子、风铲、砂轮等工具去除掉铸件上的毛刺和飞边,并进行打磨,尽量使铸件轮廓清晰、表面光洁。

3.5 铸件常见缺陷的分析

在实际生产中,常需对铸件缺陷进行分析,其目的是找出产生缺陷的原因,以便采取措施加以防止。对于铸件设计人员来说,了解铸件缺陷及产生原因,有助于正确地设计铸件结构,并结合铸造生产时的实际条件,恰如其分地拟订技术要求。

铸件的缺陷很多,常见的铸件缺陷类别、特征、产生原因、防止措施如表3-1所示。分析铸件缺陷及其产生原因是很复杂的,有时可见到在同一个铸件上出现多种不同原因引起的缺陷,或同一原因在生产条件不同时会引起多种缺陷。

表3-1 常见的铸件缺陷类别、特征、产生原因、防止措施

缺陷类别	缺陷特征	产生的主要原因	防止措施
气孔	气孔 在铸件内部或表面有大小不等的光滑孔洞	(1) 型砂含水过多,透气性差; (2) 起模和修型时刷水过多; (3) 砂芯烘干不良或砂芯通气孔堵塞; (4) 浇注温度过低或浇注速度太快等	(1) 控制型砂水分,提高透气性; (2) 造型时应注意不要舂砂过紧; (3) 扎出气孔,设置出气冒口; (4) 适当提高浇注温度
缩孔	缩孔 补缩冒口 缩孔多分布在铸件厚断面处,形状不规则,孔内粗糙	(1) 铸件结构不合理,如壁厚相差过大,造成局部金属积聚; (2) 浇注系统和冒口的位置不对,或冒口过小; (3) 浇注温度太高,或金属化学成分不合格,收缩过大	(1) 合理设计铸件结构,使壁厚尽量均匀; (2) 合理设计、布置冒口,提高冒口的补缩能力; (3) 适当降低浇注温度,采用合理的浇注速度
砂眼	砂眼 在铸件内部或表面有充塞砂粒的孔眼	(1) 型砂和芯砂的强度不够; (2) 砂型和砂芯的紧实度不够; (3) 合箱时铸型局部损坏; (4) 浇注系统不合理,冲坏了铸型	(1) 提高造型材料的强度; (2) 适当提高砂型的紧实度; (3) 合理开设浇注系统

续表

缺陷类别	缺陷特征	产生的主要原因	防止措施
黏砂	铸件表面粗糙，粘有砂粒	（1）型砂和芯砂的耐火性不够； （2）浇注温度太高； （3）未刷涂料或涂料太薄	（1）选择杂质含量低、耐火度良好的原砂； （2）尽量选择较低的浇注温度； （3）在铸型型腔表面刷耐火涂料
错箱	铸件在分型面有错移	（1）模样的上半模和下半模未对好； （2）合箱时，上、下砂箱未对准	查明原因，认真操作
裂纹	铸件开裂，开裂处金属表面氧化	（1）铸件的结构不合理，壁厚相差太大； （2）砂型和砂芯的退让性差； （3）落砂过早	（1）合理设计铸件结构，减小应力集中的产生； （2）提高铸型与型芯的退让性； （3）控制砂型的紧实度
冷隔	铸件上有未完全融合的缝隙或洼坑，其交接处是圆滑的	（1）浇注温度太低； （2）浇注速度太慢或浇注过程曾有中断； （3）浇注系统位置开设不当或浇道太小	（1）适当提高浇注温度； （2）根据铸件结构的结构特点，正确设计浇注系统与冷铁
浇不足	铸件外形不完整	（1）浇注时金属量不够； （2）浇注时液体金属从分型面流出； （3）铸件太薄； （4）浇注温度太低； （5）浇注速度太慢	（1）根据铸件结构的结构特点，正确设计浇注系统与冷铁； （2）适当提高浇注温度

3.6 特种铸造

随着科学技术的发展和生产水平的提高，对铸件质量、劳动生产效率、劳动条件和生产成本有了进一步的要求，因而铸造方法有了长足的发展。所谓特种铸造，是指有别于砂型铸造方法的其他铸造工艺。目前特种铸造方法已发展到几十种，常用的有熔模铸造、金属型铸造、离心铸造、压力铸造、低压铸造、陶瓷型铸造，另外还有实型铸造、磁型铸造、石墨型铸造、反压铸造、连续铸造和挤压铸造等。

特种铸造能获得如此迅速的发展，主要是由于这些方法一般能提高铸件的尺寸精度和表面质量，或提高铸件的物理及力学性能；此外，大多数方法能提高金属的利用率（工艺出品率），减少消耗量；有些方法更适宜于高熔点、低流动性、易氧化合金铸件的铸造；有的能明显改善劳动条件，并便于实现机械化和自动化生产，提高生产率。现简要介绍几种常用的特种铸造方法。

3.6.1 压力铸造

压力铸造是在高压作用下将金属液以较高的速度压入高精度的型腔内，力求在压力下快速凝固，以获得优质铸件的高效率铸造方法。它的基本特点是高压（5~150 MPa）和高速（5~100 m/s）。

压力铸造的基本设备是压铸机。压铸机可分为热室压铸机和冷室压铸机两大类，冷室压铸机又可分为立式和卧式等类型，但它们的工作原理基本相似。图3-24为卧式冷室压铸机，其用高压油驱动，合型力大，充型速度快，生产率高，应用较广泛。

图3-24　卧式冷室压铸机

压铸模是压力铸造生产铸件的主要装备（模具），主要由定模和动模两大部分组成。固定半型固定在压铸机的定模座板上，通过浇道将压铸机压室与型腔连通。动模随压铸机的动模座板移动，完成开合模动作。完整的压铸模组成中包括模体部分、导向装置、抽芯机构、顶出铸件机构、浇注系统、排气和冷却系统等部分。压铸工艺过程如图3-25所示：将熔融金属定量浇入压射室中（见图3-25（a）），压射冲头以高压把金属液压入型腔中（见图3-25（b）），铸件凝固后打开压铸模，用顶杆把铸件从压铸模型腔中顶出（见图3-25（c））。

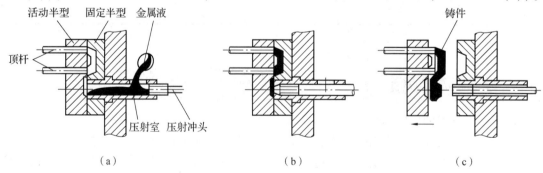

图3-25　压铸工艺过程
(a) 压射；(b) 冷却；(c) 开模

压铸工艺的优点是：压铸件具有"三高"，即铸件质量高，尺寸精度较高（IT11～IT13），表面质量高；表面粗糙度 Ra 值可达 3.2～0.8 μm，强度与硬度高（σ_b 比砂型铸件高 20%～40%），生产率高（50～150 件/h）；能铸出各种孔眼、螺纹和齿轮等；适合大批量生产。

压铸工艺的缺点是：由于压铸速度高，气体不易从模具中排出，所以压铸件易产生气孔（针孔）缺陷，且压铸件塑性较差；设备投资大，应用范围较窄（适用于低熔点的合金和较小的、薄壁且均匀的铸件；适宜的壁厚：锌合金 1～4 mm，铝合金 1.5～5 mm，铜合金 2～5 mm）。

3.6.2 熔模铸造

用易熔材料（蜡或塑料等）制成精确的可熔性模型，并涂以若干层耐火涂料，经干燥、硬化成整体型壳，加热型壳熔失模型，经高温焙烧而成耐火型壳，在型壳中浇注铸件。熔模铸造的工艺过程如图 3-26 所示。

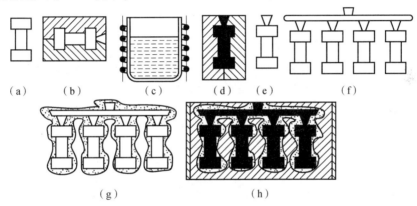

图 3-26 熔模铸造的工艺过程

(a) 母模；(b) 压型；(c) 熔蜡；(d) 铸造蜡模；(e) 单个蜡模；
(f) 组合蜡模；(g) 结壳熔出蜡模；(h) 填砂、浇注

熔模铸造的特点及应用如下。

(1) 铸件尺寸精度高，可达 IT9～IT12。表面质量好，表面粗糙度 Ra 值可为 12.5～1.6 μm。机械加工余量小，可实现少/无切削加工。

(2) 可生产形状复杂、薄壁（厚度达 0.3 mm）的铸件。可铸出直径达 0.5 mm 的小孔。

(3) 适应性广。适合各类合金的生产，尤其适合生产高熔点合金及难以切削加工的合金铸件，如耐热合金、不锈钢等；生产批量不受限制。

(4) 工艺过程较复杂，生产周期长，成本高。铸件质量不宜太大（一般在 25 kg 以下）。

(5) 应用广泛。目前广泛应用于航空、航天、汽车、船舶、机床、切削刀具和兵器等行业。

3.6.3 低压铸造

低压铸造是介于重力铸造（如砂型铸造、金属型铸造）和压力铸造之间的一种铸造方法。它是使液态金属在压力作用下自下而上地充填型腔，并在压力下结晶，以形成铸件的工

艺过程。由于所用的压力较低，所以叫作低压铸造。低压铸造浇注时的压力和速度可人为控制，所以金属液充型平稳，适用于各种不同的铸型；铸件在压力下结晶，所以铸件组织致密、力学性能好、金属利用率高、铸件合格率高。图 3-27 为 J45 低压铸造机。

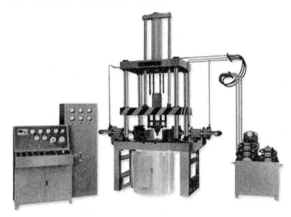

图 3-27　J45 低压铸造机

低压铸造的工艺过程如图 3-28 所示：在密封的坩埚（或密封罐）中，通入干燥的压缩空气，金属液在气体压力的作用下，沿升液管上升，通过浇口平稳地进入型腔，并保持坩埚内液面上的气体压力，一直到铸件完全凝固为止；然后解除液面上的气体压力，使升液管中未凝固的金属液流入坩埚；最后开启铸型，取出铸件。

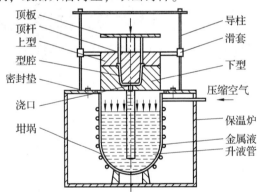

图 3-28　低压铸造的工艺过程

低压铸造独特的优点表现在以下几个方面。

（1）液体金属充型比较平稳。

（2）铸件成型性好，有利于形成轮廓清晰、表面光洁的铸件，对于大型薄壁铸件的成型更为有利。

（3）铸件组织致密，力学性能高。

（4）金属利用率高。一般情况下不需要冒口，金属利用率可达 90%～98%。

此外，劳动条件好、设备简单、易实现机械化和自动化，也是低压铸造的突出优点。低压铸造常用于制造较大型、形状复杂的壳体或薄壁的筒形和环形类零件。低压铸造主要用于铝合金的大批量生产，如汽油机气缸体、气缸盖、叶片等；也可用于球墨铸铁、铜合金的较大铸件。

3.6.4 金属型铸造

用铸铁、碳钢或低合金钢等金属材料制成铸型，铸型可反复使用，故又可称为永久型铸造。金属型铸造是将液态金属浇入金属铸型内，获得铸件的方法。根据铸型结构，金属型分为整体式、垂直分型式、水平分型式和复合分型式几种。图 3-29 为铸造铝活塞垂直分型式的金属型，它的外形由两个半型组成，活塞内腔由 3 个可拆式金属芯组合而成，活塞销孔由两根圆柱金属芯棒形成。浇注后待金属液冷却到一定温度时，分别抽出 3 个垂直金属芯，然后从水平方向抽出两侧的芯棒，最后分开两个半型，即可取出铸件。

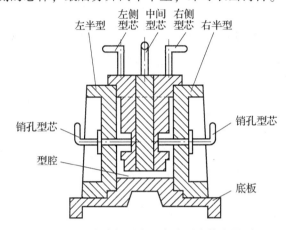

图 3-29　铸造铝活塞垂直分型式的金属型

金属型散热快、铸件组织致密、力学性能好、精度高和表面质量较好、液态金属耗量少、劳动条件好、适用于大批生产有色合金铸件，如飞机、汽车、拖拉机、内燃机、摩托车的铝活塞、气缸盖、油泵壳体、铜合金轴承及轴套等，有时也可用来生产某些铸铁件和铸钢件。其主要缺点是：制造成本高、制造周期长；由于铸型导热性好，会降低金属液的流动性，因而不宜浇注过薄、过于复杂的铸件；铸型无退让性，铸件冷却收缩产生的内应力过大时会导致铸件开裂；型腔在高温下易损坏，因而不宜铸造高熔点合金。

3.6.5 实型铸造

实型铸造又称消失模铸造或气化模造型等，它是使用泡沫聚苯乙烯塑料制造模样（包括浇注系统），在浇注时，迅速将模样燃烧气化直到消失，金属液充填了原来模样的位置，冷却凝固后而成铸件的铸造方法。其工艺过程如图 3-30 所示。

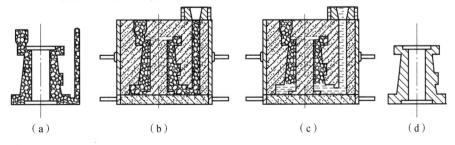

图 3-30　实型铸造工艺过程
(a) 泡沫塑料模样；(b) 造好的铸型；(c) 浇注过程；(d) 铸件

实型铸造的特点如下。

（1）增大了设计铸造零件的自由。砂型铸造对铸件结构工艺性有种种要求和限制，有许多难以实现的问题，而实型铸造从根本上不存在任何困难，产品设计者可直接根据总体机构或机器的需要来设计铸件结构，从而给设计工作带来极大的方便和自由。

（2）铸件尺寸精度较高。实型铸造与砂型铸造相比，具有不起模、不分型、没有铸造斜度和活块、不需要型芯（水平小孔可能用型芯）以及浇注位置选择灵活等优点，因此对铸件尺寸影响较小，能获得较高的铸件尺寸精度。

（3）简化了铸件生产工序，缩短了生产周期，提高了劳动生产率；同时减少了材料消耗，降低了铸造成本。

（4）泡沫塑料模只适用于浇注一次，在浇注过程中由于汽化、燃烧所产生大量的烟雾和碳氢化合物，使铸件易产生皱皮缺陷等问题有待解决。

实型铸造主要应用于形状结构复杂、难以起模、有活块和外型芯较多的铸件，如在汽车、造船、机床等行业中用来生产模具、曲轴、箱体、阀门、气缸体、刹车盘等铸件。

思考与练习

1. 简述铸造的优点与缺点。
2. 简述零件、模样与铸造件之间的关系。
3. 型砂与砂型应具备哪些性能？
4. 铸造有什么特点？用于铸造的金属有哪些？
5. 什么是分模面？其各部分的作用是什么？
6. 型砂的主要组成及作用是什么？
7. 缩孔是如何产生的？应该如何防止？

第 4 章 锻 压

4.1 锻压概述

4.1.1 锻压的概念

锻压是锻造和冲压的总称,属于压力加工的一部分。锻压是在外力作用下使金属材料产生塑性变形,从而获得具有一定形状和尺寸的毛坯或零件的加工方法。锻造又可分为自由锻和模锻两种方式。自由锻还可分为手工自由锻和机器自由锻两种。

用于锻压的材料应具有良好的塑性和较小的变形抗力,以便锻压时产生较大的塑性变形而不致被破坏。在常用的金属材料中,锻造用的材料有低碳钢、中碳钢、低合金钢、纯金属,以及具有良好塑性的铝、铜等有色金属,受力大或有特殊性能要求的重要合金钢零件;冲压多采用低碳钢等薄板材料。铸铁无论是在常温或加热状态下,其塑性都很差,不能锻压。

在生产中,不同成分的钢材应分别存放,以防用错。在锻压车间里,常用火花鉴别法来确定钢的大致成分。

在锻造中、小型锻件时,常以经过轧制的圆钢或方钢为原材料,用锯床、剪床或其他切割方法将原材料切成一定长度,送至加热炉中加热到一定温度后,在锻锤或压力机上进行锻造。塑性好、尺寸小的锻件,锻后可堆放在干燥的地面上冷却;塑性差、尺寸大的锻件,应在灰砂或一定温度的炉子中缓慢冷却,以防变形或裂纹。多数锻件锻后要进行退火或正火热处理,以消除锻件中的内应力和改善金属基体组织。热处理后的锻件,有的要进行清理,去除表面油垢及氧化皮,以便检查表面缺陷。锻件毛坯经质量检查合格后方可进行机械加工。

冲压多以薄板金属材料为原材料,经下料冲压制成所需要的冲压件。冲压件具有强度高、刚性大、结构轻等优点,在汽车、拖拉机、航空、仪表以及日用品等工业的生产中占有极为重要的地位。

4.1.2 锻造对零件力学性能的影响

经过锻造加工后的金属材料,其内部原有的缺陷(如裂纹、疏松等)在锻造力的作用下可被压合,且形成细小晶粒。因此锻件组织致密,力学性能(尤其是抗拉强度和冲击韧度）比同类材料的铸件大大提高。机器上一些重要零件（特别是承受重载和冲击载荷）的毛坯，通常用锻造方法生产。锻造应使零件工作时的正应力与流线的方向一致，切应力的方向与流线方向垂直，如图4-1所示。用圆棒料直接以车削方法制造螺栓时，头部和杆部的纤维不能连贯而被切断，头部承受切应力时与金属流线方向一致，故质量不高。而采用锻造中的局部镦粗法制造螺栓时，其纤维未被切断，具有较好的纤维方向，故质量较高。

有些零件，为保证纤维方向和受力方向一致，应采用保持纤维方向连续性的变形工艺，使锻造流线的分布与零件外形轮廓相符合而不被切断，如吊钩采用锻造弯曲工序、钻头采用扭转工序等。曲轴广泛采用的"全纤维曲轴锻造法"如图4-2（b）所示，这种方法可以显著提高其力学性能，延长使用寿命。

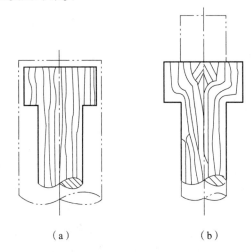

图4-1 螺栓的纤维组织比较
（a）车削方法；（b）镦粗法

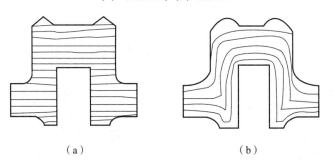

图4-2 曲轴纤维分布示意图
（a）纤维被切断；（b）纤维完整分布

4.2 锻造生产过程

锻造生产的工艺过程为：下料—加热—锻造成型—冷却—热处理等。

4.2.1 下料

适于锻造的金属材料,必须具有足够的塑性,以便锻造时产生塑性变形而不破裂。碳素钢、合金钢,以及铜、铝等非铁合金均具有良好的塑性,可以锻造。铸铁塑性很差,在外力的作用下易碎裂,故不能锻造。

碳素钢的塑性随含碳量增加而降低。低碳钢、中碳钢具有良好的塑性,是生产中常用的锻造材料。受力大的或要求有特殊物理、化学性能的零件需用合金钢,合金钢的塑性随合金元素的增多而降低,锻造时易出现锻造缺陷。

锻造用钢有钢锭和钢坯两种类型。大中型锻件一般使用钢锭,小型锻件则使用钢坯。钢坯是钢锭经轧制或锻造而成的,锻造用钢坯多为圆形、方形截面的棒料。锻造前应将棒料按需用的大小切成坯料,这个过程称下料。下料的方法有剪切、锯割或氧气切割等。在生产中,不同成分的钢材应分别堆放,并在每件的端部涂上规定的颜色标志,如常用的 Q235 钢涂红色、Q255 钢涂黑色、45 钢涂白加棕色、铬钢涂绿加黄色等。如果钢材发生混淆,应加以鉴别。锻造车间常用火花鉴别法来确定钢材的大致成分。

4.2.2 加热

加热的目的是提高金属的塑性和降低变形抗力,即提高金属的锻造性能。除少数具有良好塑性的金属可在常温下锻造成型外,大多数金属在常温下的锻造性能较差,造成锻造困难或不能锻造。但将这些金属加热到一定温度后,可以大大提高塑性,并只需要施加较小的锻打力,便可使其发生较大的塑性变形,这就是热锻。

加热是锻造工艺过程中的一个重要环节,它直接影响锻件的质量。加热温度如果过高,会使锻件产生加热缺陷,甚至造成废品。因此,为了保证金属在变形时具有良好的塑性,又不致产生加热缺陷,锻造必须在合理的温度范围内进行。各种金属材料开始锻造时的温度称为该材料的始锻温度,终止锻造的温度称为该材料的终锻温度。

1. 锻造加热设备

锻造加热炉按热源的不同,分为火焰加热炉和电加热炉两大类。

1) 火焰加热炉

火焰加热炉采用烟煤、焦炭、重油、煤气等作为燃料。当燃料燃烧时,产生含有大量热能的高温火焰将金属加热。现介绍几种火焰加热炉。

(1) 明火炉:将金属坯料置于以煤为燃料的火焰中加热的炉子,称为明火炉,又称为手锻炉,其结构如图 4-3 所示。其结构简单,操作方便,但生产率低,热效率不高,加热温度不均匀且速度慢。因此,常用来加热手工自由锻及小型空气锤自由锻的坯料,也可用于杆形坯料的局部加热。在小件生产和维修工作中应用较多,锻工实习也常使用这种炉子。

(2) 油炉和煤气炉:这两种加热炉分别以重油和煤气为燃料,结构基本相同,仅喷嘴结构不同。

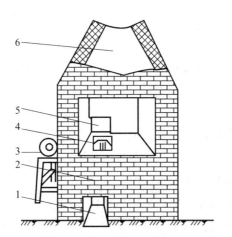

1—灰坑；2—火沟槽；3—鼓风机；4—炉箅；5—后炉门；6—烟囱。

图 4-3　明火炉结构

2）电加热炉

电加热炉又称感应加热炉或者感应炉，感应炉是利用电磁感应原理，将金属坯料放入通过交变电流的螺旋线圈（感应圈）内，线圈产生感应电动势，由于集肤效应在坯料表面形成强大的涡流，使坯料加热的设备。感应加热原理如图 4-4 所示。

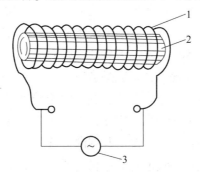

1—感应器；2—坯料；3—电源。

图 4-4　感应加热原理

感应炉操作方便，可精确控制炉温，无污染，但耗电量大、成本较高，在小批量生产或科研实验中广泛采用。

2. 锻造温度范围

坯料开始锻造的温度（始锻温度）和终止锻造的温度（终锻温度）之间的温度间隔，称为锻造温度范围，常用钢材的锻造温度范围如表 4-1 所示。在保证不出现加热缺陷的前提下，始锻温度应取得高一些，以便有较充足的时间锻造成型，减少加热次数。在保证坯料还有足够塑性的前提下，终锻温度应选择低一些，以便获得内部组织细密、力学性能较好的锻件，同时也可延长锻造时间，减少加热次数。但终锻温度过低会使金属难以继续变形，易出现锻裂现象和损伤锻造设备。

表 4-1　常用钢材的锻造温度范围　　　　　　　　　　　　　　　　　　　　　　　　℃

材料种类	始锻温度	终锻温度	材料种类	始锻温度	终锻温度
碳素结构钢	1 200~1 250	800	高速工具钢	1 100~1 150	900
合金结构钢	1 150~1 200	800~850	耐热钢	1 100~1 150	800~850
碳素工具钢	1 050~1 150	750~800	弹簧钢	1 100~1 150	800~850
合金工具钢	1 050~1 150	800~850	轴承钢	1 080	800
铝合金	450~500	350~380	铜合金	800~900	650~700

锻造温度的控制方法如下。

（1）温度计法。通过加热炉上的热电偶温度计，显示炉内温度，可知道锻件的温度，也可以使用光学高温计观测锻件温度。

（2）目测法。实习中或单件小批生产的条件下可根据坯料的颜色和明亮度来判别温度，即用火色鉴别。碳钢温度与火色的关系如表 4-2 所示。

表 4-2　碳钢温度与火色的关系　　　　　　　　　　　　　　　　　　　　　　　　℃

火色	黄白	淡黄	黄	淡红	樱红	暗红	赤褐
温度	1 300	1 100	1 000	900	800	700	600

3. 碳钢常见的加热缺陷

由于加热不当，碳钢在加热时可能出现多种缺陷。碳钢常见的加热缺陷如表 4-3 所示。

表 4-3　碳钢常见的加热缺陷

名称	实质	危害	防止（减少）措施
氧化	坯料表面铁元素氧化	烧损材料；降低锻件精度和表面质量；减少模具寿命	在高温区减少加热时间；采用控制炉气成分的少无氧化加热或电加热等。采用少装、勤装的操作方法。在钢材表面涂保护层
脱碳	坯料表层被烧损使含碳量降低	降低锻件表面硬度、变脆，严重时锻件边角处会产生裂纹	
过热	加热温度过高，停留时间长造成晶粒粗大	锻件力学性能降低，须再经过锻造或热处理才能改善	过热的坯料通过多次锻打或锻后正火处理消除
过烧	加热温度接近材料熔化温度，造成晶粒界面杂质氧化	坯料一锻即碎，只得报废	正确地控制加热温度和保温的时间
裂纹	坯料内外温差太大，组织变化不匀造成材料内应力过大	坯料产生内部裂纹，并进一步扩展，导致报废	某些高碳或大型坯料，开始加热时应缓慢升温

4.2.3　锻造成型

锻造成型是锻造生产过程的核心。按照成型方式的不同，锻造可分为自由锻和模锻。自由锻按其设备和操作方式，又可分为手工自由锻（简称手锻）和机器自由锻（简称机锻）。

机锻可生产各种尺寸大小的锻件,是目前普遍采用的自由锻方法。对于小型大批量生产的锻件可采用模锻方法。

4.2.4 冷却

热态锻件的冷却是保证锻件质量的重要环节。通常,锻件中的碳及合金元素含量越多,锻件体积越大,形状越复杂,冷却速度越要缓慢,否则会造成表面过硬不易切削加工、变形甚至开裂等缺陷。常用的冷却方式有 3 种,如表 4-4 所示。

表 4-4 锻件常用的冷却方式

方式	特点	适用场合
空冷	锻后置空气中散放,冷速快,晶粒细化	低碳、低合金钢小件或锻后不直接切削加工件
坑冷（堆冷）	锻后置干沙坑内或箱内堆在一起,冷速稍慢	一般锻件,锻后可直接进行切削加工
炉冷	锻后置原加热炉中,随炉冷却,冷速极慢	含碳或含合金成分较高的中、大型锻件,锻后可进行切削加工

4.2.5 锻件的热处理

在机械加工前,锻件要进行热处理,目的是均匀组织,细化晶粒,减少锻造残余应力,调整硬度,改善切削加工性能,为最终热处理做准备。常用的热处理方法有正火、退火、球化退火等,要根据锻件材料的种类和化学成分来选择。

4.3 自由锻

4.3.1 自由锻设备

使用机器设备,使坯料在设备上、下两砧之间各个方向不受限制而自由变形,以获得锻件的方法称机器自由锻。常用的机器自由锻设备有空气锤、蒸汽-空气锤和水压机,其中空气锤使用灵活,操作方便,是生产小型锻件最常用的自由锻设备。空气锤的规格用落下部分的质量来表示,一般为 50～1 000 kg。

1. 空气锤

空气锤是由锤身（单柱式）、双缸（压缩缸和工作缸）、传动机构、操纵机构、落下部分和锤砧等几个部分组成,如图 4-5 所示。空气锤是将电能转化为压缩空气的压力能来产生打击力的。空气锤的传动是由电动机经过一级带轮减速,通过曲轴连杆机构,使活塞在压缩缸内做往复运动产生压缩空气,进入工作缸使锤杆做上下运动以完成各项工作。

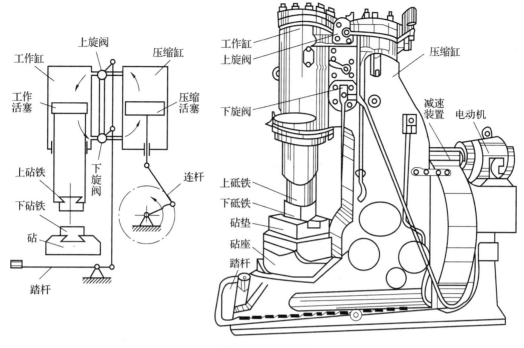

图 4-5 空气锤
(a) 原理图；(b) 外形图

空气锤操作过程是：接通电源，启动空气锤后通过手柄或脚踏杆，操纵上、下旋阀，可使空气锤实现空转、锤头悬空、连续打击、压锤和单次打击 5 种动作，以适应各种加工需要。

1) 空转（空行程）

当上、下旋阀操纵手柄在垂直位置，同时中旋阀操纵手柄在"空程"位置时，压缩缸上、下腔直接与大气连通，压力变成一致。由于没有压缩空气进入工作缸，因此锤头不进行工作。

2) 锤头悬空

当上、下旋阀操纵手柄在垂直位置，将中旋阀操纵手柄由"空程"位置转至"工作"位置时，工作缸和压缩缸的上腔与大气相通。此时，压缩活塞上行，被压缩的空气进入大气；压缩活塞下行，被压缩的空气由空气室冲开止回阀进入工作缸的下腔，使锤头上升，置于悬空位置。

3) 连续打击（轻打或重打）

中旋阀操纵手柄在"工作"位置时，驱动上、下旋阀操纵手柄（或脚踏杆）向逆时针方向旋转使压缩缸上、下腔与工作缸上、下腔互相连通。当压缩活塞向下或向上运动时，压缩缸下腔或上腔的压缩空气相应地进入工作缸的下腔或上腔，将锤头提升或落下。如此循环，锤头产生连续打击。打击能量的大小取决于上、下旋阀旋转角度的大小，旋转角度越大，打击能量越大。

4) 压锤（压紧锻件）

当中旋阀操纵手柄在"工作"位置时，将上、下旋阀操纵手柄由垂直位置向顺时针方向旋转45°，此时工作缸的下腔及压缩缸的上腔和大气相连通。当压缩活塞下行时，压缩缸下腔的压缩空气由下阀进入空气室，并冲开止回阀经侧旁气道进入工作缸的上腔，使锤头压紧锻件。

5）单次打击

单次打击是通过变换操纵手柄的操作位置实现的。单次打击开始前，空气锤处于锤头悬空位置（即中旋阀操纵手柄处于"工作"位置），然后将上、下旋阀的操纵手柄由垂直位置迅速地向逆时针方向旋转到某一位置再迅速地转到原来的垂直位置（或相应地改变脚踏杆的位置），这时便得到单次打击。打击能量的大小随旋转角度而变化，转到45°时单次打击能量最大。如果将手柄或脚踏杆停留在倾斜位置（旋转角度≤45°），则锤头作连续打击。故单次打击实际上只是连续打击的一种特殊情况。

2. 蒸汽-空气锤

蒸汽-空气锤也是靠锤的冲击力锻打工件，双柱拱式蒸汽-空气锤如图4-6所示。蒸汽-空气锤自身不带动力装置，另需蒸汽锅炉向其提供具有一定压力的蒸汽，或空气压缩机向其提供压缩空气。其锻造能力明显大于空气锤，一般为500~5 000 kg，常用于中型锻件的锻造。

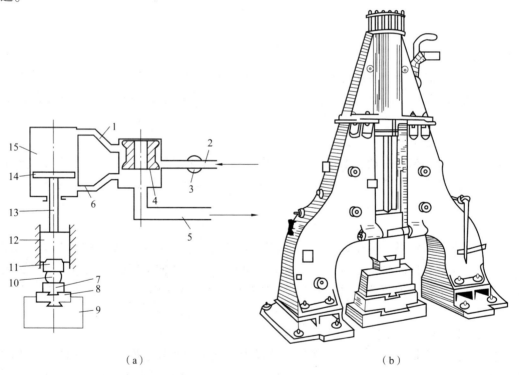

(a) (b)

1—上气道；2—进气道；3—节气阀；4—滑阀；5—排气管；6—下气道；7—下砧；8—砧垫；9—砧座；10—坯料；11—上砧；12—锤头；13—锤杆；14—活塞；15—工作缸。

图4-6 双柱拱式蒸汽-空气锤

(a) 原理图；(b) 外形图

4.3.2 自由锻工艺

1. 自由锻的工艺特点

(1) 自由锻的应用设备和工具有很大的通用性,且工具简单,所以只能锻造形状简单的锻件,操作强度大,生产效率低。

(2) 自由锻可以锻出质量从不到 1 kg 到 200～300 t 的锻件。对大型锻件,自由锻是唯一的加工方法,因此自由锻在重型机械制造中有着特别重要的意义。

(3) 自由锻依靠操作者控制其形状和尺寸,锻件精度低,表面质量差,金属消耗也较多。

自由锻主要用于品种多,产量不大的单件、小批量生产,也可用于模锻前的制坯工序。

2. 自由锻的基本工序

无论是手工自由锻、锤上自由锻,还是水压机上自由锻,其工艺过程都由一些锻造工序组成。根据变形的性质和程度不同,自由锻工序可分为 3 类:基本工序,如镦粗、拔长、冲孔、扩孔、芯轴拔长、切割、弯曲、扭转、错移、锻接等,其中镦粗、拔长和冲孔 3 个工序应用得最多;辅助工序,如切肩、压痕等;精整工序,如平整、整形等。

1) 镦粗

镦粗是使坯料的截面增大,高度减小的锻造工序。镦粗方法有完全镦粗(见图 4-7 (a))、局部镦粗(见图 4-7 (b))和垫环镦粗(见图 4-7 (c))。

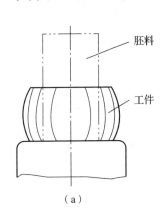 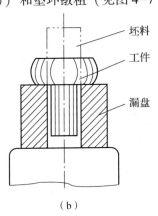 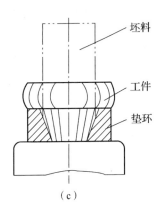

(a)　　　　　　　　　　(b)　　　　　　　　　　(c)

图 4-7　镦粗方法
(a) 完全镦粗;(b) 局部镦粗;(c) 垫环镦粗

镦粗主要用来锻造圆盘类(如齿轮坯)及法兰等锻件,在锻造空心锻件时,可作为冲孔前的预备工序。

镦粗的一般规则、操作方法及注意事项如下。

(1) 被镦粗坯料的高度与直径(或边长)之比应小于 2.5,否则会镦弯。工件镦弯后应将其放平,轻轻锤击矫正。局部镦粗时,镦粗部分坯料的高度与直径之比也应小于 2.5。

(2) 镦粗的始锻温度采用坯料允许的最高始锻温度,并应烧透。坯料的加热要均匀,否则镦粗时工件变形不均匀,某些材料还可能锻裂。镦粗的加热如图 4-8 所示。

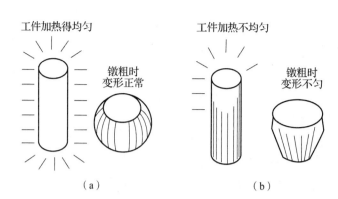

图 4-8 镦粗的加热
(a) 正确；(b) 错误

锤击应力量足够并且与轴线垂直，如图 4-9 (a) 所示。如果力量较小就可能产生细腰形，若不及时纠正，继续锻打下去，则可能产生夹层，使工件报废，如图 4-9 (b) 所示。如果镦粗的两端面与轴线不垂直，则可能会产生镦歪现象，如图 4-9 (c) 所示。矫正镦歪的方法是将坯料斜立，轻打镦歪的斜角，然后放正，继续锻打。如果锤头或砧铁的工作面因磨损而变得不平直时，则锻打时要不断将坯料旋转，以便获得均匀的变形而不致镦歪。

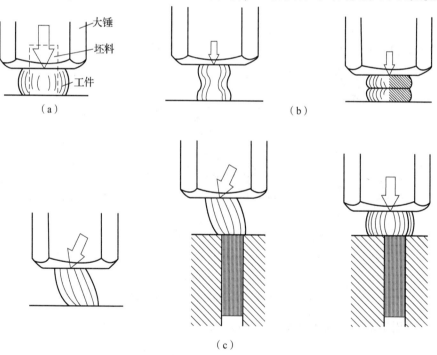

图 4-9 镦粗力的大小与方向
(a) 力重，且正；(b) 力正，但不够重；(c) 力重，但不正

2）拔长

拔长是使坯料长度增加，横截面减少的锻造工序，又称延伸或引伸，如图 4-10 所示。拔长用于锻制长而截面小的工件，如轴类、杆类和长筒形零件等。

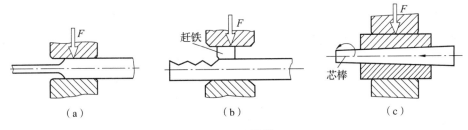

图 4-10　拔长

(a) 拔长；(b) 局部拔长；(c) 心轴拔长

拔长的一般规则、操作方法及注意事项如下。

(1) 拔长过程中要将坯料不断地翻转，使其压下面都能均匀变形，并沿轴向送进操作。翻转的方法有 3 种：图 4-11 (a) 为反复翻转拔长，是将坯料反复左右翻转 90°，常用于塑性较高的材料；图 4-11 (b) 为螺旋式翻转拔长，是将坯料沿一个方向做 90° 翻转，常用于塑性较低的材料；图 4-11 (a) 为单面前后顺序拔长，是将坯料沿整个长度方向锻打一遍后，再翻转 90°，继续进行锻打，常用于频繁翻转不方便的大锻件，但应注意工件的宽度和厚度之比不要超过 2.5，否则再次翻转继续拔长时容易产生折叠。

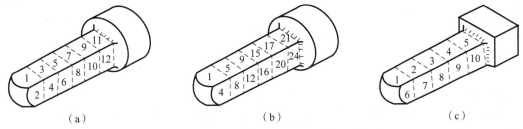

图 4-11　拔长时锻件的翻转方法

(a) 反复翻转拔长；(b) 螺旋式翻转拔长；(c) 单面顺序拔长

(2) 拔长时，坯料应沿砧铁的宽度方向送进，每次的送进量 L 应为砧铁宽度 B 的 0.3～0.7 倍，如图 4-12 (a) 所示。送进量太大，金属主要向宽度方向流动，反而降低延伸效率，如图 4-12 (b) 所示。送进量太小，又容易产生夹层，如图 4-12 (c) 所示。另外，每次压下量也不要太大，压下量应等于或小于送进量，否则也容易产生夹层。

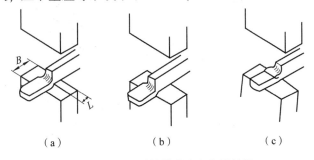

图 4-12　拔长时的送进方向和进给量

(a) 送进量合适；(b) 送进量太大、拔长率降低；(c) 送进量太小、产生夹层

(3) 由大直径的坯料拔长成小直径的锻件时，应把坯料先锻成正方形，在正方形的截面下拔长，到接近锻件的直径时，再倒棱，滚打成圆形，这样锻造效率高、质量好，如

图 4-13 所示。

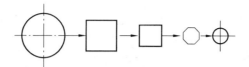

图 4-13　大直径坯料拔长时的变形过程

（4）锻制台阶轴或带台阶的方形、矩形截面的锻件时，在拔长前应先压肩，如图 4-14 所示。压肩后对一端进行局部拔长即可锻出台阶。

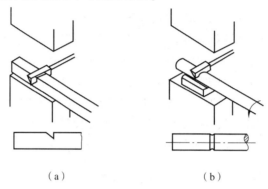

图 4-14　压肩
(a) 方料压肩；(b) 圆料压肩

（5）锻件拔长后须进行修整，修整矩形截面的锻件时，应沿下砧铁的长度方向送进，如图 4-15（a）所示，以增加工件与砧铁的接触长度。拔长过程中若产生翘曲应及时翻转 180°轻打校平。圆形截面的锻件用型锤或摔子修整，如图 4-15（b）所示。

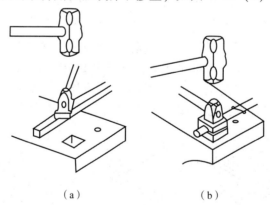

图 4-15　拔长后的修整
(a) 矩形截面锻件的修整；(b) 圆形截面锻件的修整

3）冲孔

冲孔是用冲子在坯料冲出通孔或不通孔的锻造工序。冲孔主要用于制造带孔工件，如齿轮坯、圆环、套筒等。

一般规定：锤的落下部分质量在 0.15～5 t 之间，最小冲孔直径相应为 30～100 mm；孔径小于 100 mm，而孔深大于 300 mm 的孔可不冲出；孔径小于 150 mm，而孔深大于 500 mm

的孔也不冲出；直径小于 20 mm 的孔不冲出。

根据冲孔所用的冲子的形状不同，冲孔可分为实心冲子冲孔和空心冲子冲孔。实心冲子冲孔又可分为单面冲孔和双面冲孔，如图 4-16 所示。

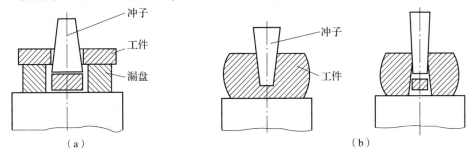

图 4-16　冲孔
(a) 单面冲孔；(b) 双面冲孔

(1) 单面冲孔：对于较薄工件，即工件高度与冲孔孔径之比小于 0.125 时，可采用单面冲孔。冲孔时，将工件放在漏盘上，冲子大头朝下，漏盘的孔径和冲子的直径应有一定的间隙，冲孔时应仔细校正，冲孔后稍加平整。

(2) 双面冲孔：其操作过程为：镦粗—试冲（找正中心冲孔痕）—撒煤粉（煤粉受热后产生的气体膨胀力可将冲子顶出）—冲孔，即冲孔到锻件厚度的 2/3～3/4—翻转 180°找正中心—冲除连皮—修整内孔—修整外圆。冲孔的步骤如图 4-17 所示。

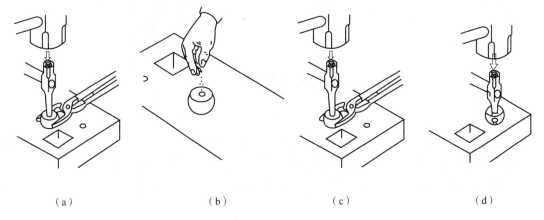

图 4-17　冲孔的步骤
(a) 放正冲子，试冲；(b) 冲浅坑，撒煤粉；(c) 冲至工件厚度的 2/3 深；(d) 翻转工件在铁砧圆孔上冲透

(3) 空心冲子冲孔：当冲孔直径超过 400 mm 时，多采用空心冲子冲孔。对于重要的锻件，将其有缺陷的中心部分冲掉，有利于改善锻件的力学性能。

4) 错移

错移是将毛坯的一部分相对另一部分上、下错开，但仍保持这两部分轴心线平行的锻造工序，常用来锻造曲轴。错移前，毛坯须先进行压肩等辅助工序，如图 4-18 所示。

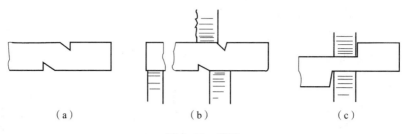

图 4-18 错移

(a) 压肩；(b) 锻打；(c) 修整

5）切割

切割是使坯料分开的工序，如切去料头、下料和切割成一定形状等。用手工切割小毛坯时，把工件放在砧面上，錾子垂直于工件轴线，边錾边旋转工件，当快切断时，应将切口稍移至砧边处，轻轻将工件切断。大截面毛坯是在锻锤或压力机上切断的，矩形截面锻件的切割是先将剁刀垂直切入锻件，至快断开时，将工件翻转180°，再用剁刀或克棍把工件截断，如图4-19（a）所示。切割圆形截面锻件时，要将锻件放在带有圆凹槽的剁垫上，边切边旋转锻件，如图4-19（b）所示。

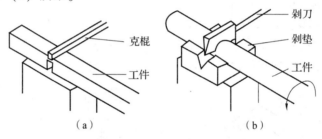

图 4-19 切割

(a) 矩形截面锻件的切割；(b) 圆形截面锻件的切割

6）弯曲

弯曲是使坯料弯成一定角度或形状的锻造工序。弯曲用于锻造吊钩、链环、弯板等锻件。弯曲时锻件的加热部分最好只限于被弯曲的一段，加热必须均匀。在空气锤上进行弯曲时，将坯料夹在上下砧铁间，使欲弯曲的部分露出，用手锤或大锤将坯料打弯，如图4-20所示。

7）扭转

扭转是将毛坯的一部分相对于另一部分绕其轴心线旋转一定角度的锻造工序，如图4-21所示。锻造多拐曲轴、连杆、麻花钻头等锻件和校直锻件时常用这种工序。

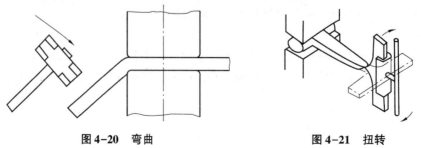

图 4-20 弯曲　　　　　　图 4-21 扭转

扭转前,应将整个坯料先在一个平面内锻造成型,并使受扭曲部分表面光滑,然后进行扭转。扭转时,由于金属变形剧烈,要求受扭部分加热到始锻温度,且均匀热透。扭转后,要注意缓慢冷却,以防出现扭裂。

8) 锻接

锻接是将两段或几段坯料加热后,用锻造的方法连接成牢固整体的一种锻造工序,又称锻焊。锻接主要用于小锻件生产或修理工作,如船舶锚链的锻焊;刃具的夹钢和贴钢,它是将两种成分不同的钢料锻焊在一起。典型的锻接方法有搭接法、咬接法和对接法。

4.3.3 绘制锻件图

锻件图是根据零件图和锻造该零件毛坯的锻造工艺来绘制的,如图 4-22 所示,在锻件图中标注尺寸时应注意:尺寸线上面的尺寸为锻件尺寸;尺寸线下面的尺寸为零件图尺寸并用括弧注明;也可只标注锻件尺寸。

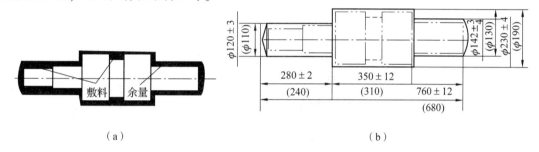

图 4-22 锻件图
(a) 锻件的余量及敷料;(b) 锻件图

4.3.4 典型锻件自由锻工艺过程

1. 齿轮毛坯

齿轮毛坯自由锻工艺过程如表 4-5 所示。

表 4-5 齿轮毛坯自由锻工艺过程

锻件名称	齿轮毛坯	工艺类型	自由锻
材料	45 钢	设备	65 kg 空气锤
加热次数	1 次	锻造温度范围	850~1 200 ℃
锻件图		坯料图	

续表

序号	工序名称	工序简图	使用工具	操作工艺
1	镦粗	45	火钳、镦粗漏盘	控制镦粗后的高度为镦粗漏盘的 45 mm
2	冲孔		火钳、镦粗漏盘、冲子、冲子漏盘	（1）注意冲子对中。（2）采用双面冲孔，左图为工件翻转后将孔冲透的情况
3	修正外圆	$\phi 92\pm1$	火钳、冲子	边轻打边旋转锻件，使外圆清除鼓形，并达到 $\phi 92\pm1$ mm
4	修整平面	44 ± 1	火钳	轻打（如端面不平还要边打边转动锻件），使锻件厚度达到（44 ± 1）mm

2. 齿轮轴毛坯

齿轮轴零件图如图 4-23 所示，齿轮轴毛坯自由锻工艺过程如表 4-6 所示。

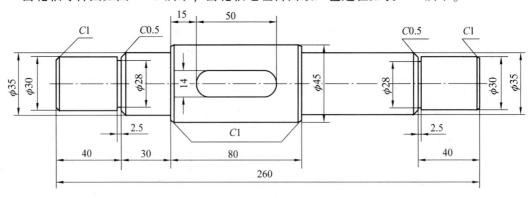

图 4-23　齿轮轴零件图

表 4-6 齿轮轴毛坯自由锻工艺过程

锻件名称	齿轮轴毛坯	工艺类型	自由锻
材料	45 钢	设备	75 kg 空气锤
加热次数	2 次	锻造温度范围	800 ~ 1 200 ℃
锻件图		坯料图	

序号	工序名称	工序简图	使用工具	操作工艺
1	压肩		圆口钳、压肩摔子	边轻打，边旋转锻件
2	拔长		圆口钳	将压肩一端拔长至不小于 ϕ40 mm
3	摔圆		圆口钳、摔圆摔子	将拔长部分摔圆至 ϕ（40±1）mm
4	压肩		圆口钳、压肩摔子	截出中段长度 88 mm 后，将另一端压肩
5	拔长		尖口钳	将压肩一端拔长至不小于 ϕ40 mm
6	摔圆		圆口钳、摔圆摔子	将拔长部分摔圆至 ϕ（40±1）mm

4.4 模锻与胎模锻简介

4.4.1 模锻简介

将加热后的坯料放到锻模（模具）的模膛内，经过锻造，使其在模膛所限制的空间内产生塑性变形，从而获得锻件的锻造方法叫作模型锻造，简称模锻。模锻的生产率高，并可锻出形状复杂、尺寸准确的锻件，适宜在大批量生产条件下，锻造形状复杂的中、小型锻件，如在汽车、拖拉机等制造厂中应用较多。

模锻可以在多种设备上进行。常用的模锻设备有模锻锤（蒸汽-空气模锻锤、无砧座锤、高速锤等）、曲柄压力机、摩擦压力机、平锻机及液压机等。模锻方法也依所用设备而得名，如使用模锻锤设备的模锻方法，统称为锤上模锻，其余可分别称为曲柄压力机上模锻、摩擦压力机上模锻、平锻机上模锻等。其中，使用蒸汽-空气锤设备的锤上模锻是应用最广的一种模锻方法。

蒸汽-空气模锻锤的结构，如图4-24所示。它的砧座比自由锻大得多，而且与锤身连成一个封闭的刚性整体，锤头与导轨之间的配合十分精密，保证了锤头的运动精度高。上模和下模分别安装在锤头下端和模座上的燕尾槽内，用楔铁对准和紧固，在锤击时能保证上、下锻模对准。

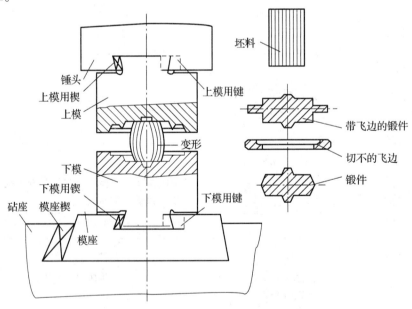

图4-24 蒸汽-空气模锻锤的结构

锻模由专用的热作模具钢加工制成，具有较高的热硬性、耐磨性、耐冲击等特殊性能。锻模由上模和下模组成，两半模分开的界面称分模面，上、下模内加工出的与锻件形状相一致的空腔叫模膛，根据模锻件的复杂程度不同，所需变形的模膛数量不等，如有拔长模膛、滚压模膛、弯曲模膛、切断模膛等。模膛内与分模面垂直的表面都有5°～10°的斜度，称为模锻斜度，以便于锻件出模。模膛内所有相交的壁都应是圆角过渡，以利于金属充满模膛及防止由于应力集中使模膛开裂。为了防止锻件尺寸不足及上、下模直接撞击，一般情况下坯料的体积均稍大于锻件，故模膛的边缘应加工出容纳多余金属的飞边槽。在锻造过程中，多余的金属即存留在飞边槽内，锻后再用切边模膛将飞边切除。带孔的锻件不可能将孔直接锻出，而留有一定厚度的冲孔连皮，锻后再将连皮冲除。

4.4.2 胎模锻简介

胎模锻是在自由锻设备上使用可移动的模具（称为胎模）生产模锻件的方法。它也是介于自由锻和模锻之间的一种锻造方法。常采用自由锻的镦粗或拔长等工序初步制坯，然后在胎膜内终锻成型。

胎模的结构简单且形式较多，图4-25为其中一种，它由上、下模组成，模块间的空腔称为模膛，模块上的导销和销孔可使上、下模膛对准，手柄则用于搬动上、下模。

胎模锻同时具有自由锻和模锻的某些特点。与模锻相比，不需昂贵的模锻设备，模具制造简单且成本较低，但不如模锻精度高，且劳动强度大、胎模寿命低、生产率低；与自由锻相比，坯料最终是在胎模的模膛内成型，可以获得形状较复杂、锻造质量和生产率较高的锻件。因此，正由于胎模锻所用的设备和模具比较简单、工艺灵活多变，故在中、小工厂得到广泛应用，适合小型锻件的中、小批量生产。

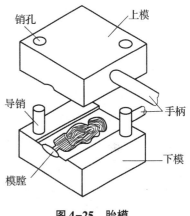

图4-25 胎模

常用的胎模结构有扣模、合模、套筒模等。

1）扣模

扣模用于对坯料进行全部或局部扣形，如图4-26（a）所示，主要用于生产长杆非回转体锻件，也可为合模锻造制坯。用扣模锻造时毛坯不转动。

2）合模

合模通常由上模和下模组成，如图4-26（b）所示，主要用于生产形状复杂的非回转体锻件，如连杆、叉形锻件等。

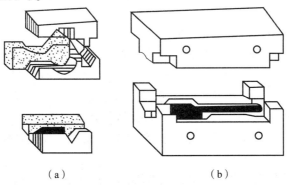

(a)　　　　　　　　(b)

图4-26 扣模和合模的结构

(a) 扣模；(b) 合模

3）套筒模

套筒模简称筒模或套模，锻模呈套筒形，可分为开式套筒模（见图4-27（a））和闭式套筒模（见图4-27（b））两种，主要用于锻造法兰盘、齿轮等回转体锻件。

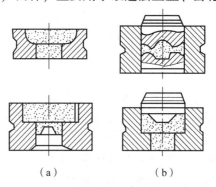

图4-27　套筒模的结构

(a) 开式套筒模；(b) 闭式套筒模

胎模锻造所用胎模不固定在锤头或砧座上，按加工过程需要，可随时放在上、下砧铁上进行锻造，也可随时搬下来。锻造时，先把下模放在下砧铁上，再把加热的坯料放在模膛内，然后合上上模，用锻锤锻打上模背部。待上、下模接触，坯料便在模膛内锻成锻件。

4.5　冲压

4.5.1　冲压概述

利用冲压设备和冲模使金属或非金属板料产生分离或成型而得到制件的工艺方法称为板料冲压，简称冲压。这种加工方法通常是在常温下进行的，所以又称冷冲压。

冲压的原材料是具有较高塑性的金属薄板，如低碳钢、铜及其合金、镁合金等。非金属板料，如石棉板、硬橡胶、胶木板、纤维板、绝缘纸、皮革等也适于冲压加工。用于冲压加工的板料厚度一般小于6 mm，当板厚超过8 mm时则采用热冲压。

冲压生产的特点如下：

(1) 可以生产形状复杂的零件或毛坯；

(2) 冲压制品尺寸精确、表面光洁、质量稳定、互换性好，一般不再进行切削加工即可装配使用；

(3) 冲压制品还具有材料消耗少、质量轻、强度高和刚度好等优点；

(4) 冲压操作简单、生产率高、易于实现机械化和自动化；

(5) 冲模精度要求高、结构较复杂、生产周期较长、制造成本较高，故只适用于大批量生产场合。

在所有制造金属或非金属薄板成品的工业部门中都可采用冲压生产，尤其在日用品、汽车、航空、电器、电机和仪表等工业生产部门，应用非常广泛。

4.5.2 冲床

冲床是进行冲压加工的基本设备，它可完成除剪切外的绝大多数冲压基本工序。冲床按其结构可分为单柱式和双柱式、开式和闭式等；按滑块的驱动方式分为液压驱动式和机械驱动式两类。机械驱动式冲床的工作机构主要由滑块驱动机构（如曲柄、偏心齿轮、凸轮等）、连杆和滑块组成。

图 4-28 为开式双柱式冲床的外形图和传动简图。电动机通过减速系统带动大带轮转动。当踩下踏板后，离合器闭合并带动曲轴旋转，再经连杆带动滑块沿导轨作上、下往复运动，完成冲压动作。冲模的上模装在滑块的下端，随滑块上、下运动，下模固定在工作台上，上、下模闭合一次即完成一次冲压过程。踏板踩下后立即抬起，滑块冲压一次后便在制动器作用下，停止在最高位置上，以便进行下一次冲压。若踏板不抬起，滑块则进行连续冲压。

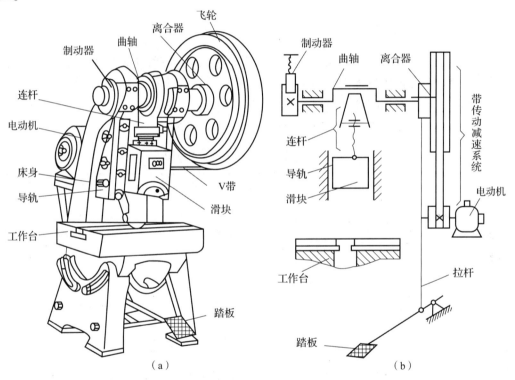

图 4-28 开式双柱式冲床的外形图和传动简图

(a) 外形图；(b) 传动简图

1. 冲床的主要参数

（1）公称压力（单位为 N 或 t）：即冲床的吨位，它是滑块运行至最下位置时所产生的最大压力。

（2）滑块行程（单位为 mm）：曲轴旋转时，滑块从最上位置到最下位置所走过的距离，它等于曲柄回转半径的两倍。

（3）闭合高度（单位为 mm）：滑块运行至最下位置时，其下表面到工作台面的距离。冲床的闭合高度应与冲模的高度相适应。冲床连杆的长度一般都是可调的，调整连杆的长度即可对冲床的闭合高度进行调整。

2．冲床操作安全规范

（1）冲压工序所需的冲剪力或变形力要低于或等于冲床的公称压力。

（2）开机前应锁紧所有调节和紧固螺栓，以免模具等松动而造成设备、模具损坏和人身安全事故。

（3）开机后，严禁将手伸入上、下模之间，取下工件或废料应使用工具。冲压进行时严禁将工具伸入冲模之间。

（4）两人以上共同操作时应由一人专门控制踏脚板，踏脚板上应有防护罩，或将其放在隐蔽安全处，工作台上应取尽杂物，以免杂物坠落于踏脚板上造成误冲事故。

（5）装拆或调整模具应停机进行。

4.5.3 冲压基本工序

按板料在加工中是否分离，冲压工序一般可分为分离工序和成型工序两大类，如表 4-7 所示。分离工序是在冲压过程中使冲压件与坯料沿一定的轮廓线互相分离的冲压工序，主要有落料、冲孔、切边和切断等。成型工序是使坯料塑性变形而获得所需形状和尺寸的制件的冲压工序，主要有弯曲、卷圆、拉深、翻边、胀形、压印等。

表 4-7　常见冲压基本工序及示意图

	工艺名称	简图	所用模具的名称	简要说明
分离工序	落料		落料模	冲落的部分是零件
	冲孔		冲孔模	冲落的部分是废料
	切边		切边模	切去多余的边缘
	切断		切断模	将板条料切断

续表

工艺名称		简图	所用模具的名称	简要说明
成型工序	弯曲		弯曲模	将板料弯曲成各种形状
	卷圆		卷圆模	将板料端部卷成接近封闭的圆头
	拉深		拉深模	将板料拉成空心容器的形状
	翻边		翻边模	将板料上平孔翻成竖立孔
	胀形		胀形模	将柱状工件胀成曲面状工件
	压印		压印模	在板料的平面上压出加强筋或凹凸标识

思考与练习

1. 如何衡量材料的可锻性能？常用材料中哪些材料可锻性能好，哪些差，哪些不可锻造？
2. 金属坯料锻造前为什么要先加热？
3. 什么是锻造温度范围？为什么低于终锻温度后不宜继续锻造？
4. 什么是自由锻？可使用哪些设备？
5. 自由锻的基本工序有哪些？
6. 冲孔的操作要点是什么？
7. 模锻与自由锻相比，有何优越性？
8. 冲压的基本工序有哪些？
9. 冲压设备有哪些？

第 5 章 焊 接

5.1 焊接概述

焊接是指通过适当的物理化学过程（加热或加压），使两个工件产生原子（或分子）之间结合力而连成一体的加工方法。焊接是一种不可拆卸的连接方法，是金属热加工方法之一。焊接与铸造、锻压、热处理、金属切削等加工方法一样，是机器制造、石油化工、矿山、冶金、航空、航天、造船、电子、核能等工业部门中的一种基本生产手段。没有现代焊接技术的发展，就没有现代工业和科学技术的发展。

焊接过程的本质就是采用加热、加压或两者并用的办法，使两个分离表面的金属原子之间接达到晶格距离并形成结合力。按照焊接过程中金属所处的状态不同，可以把焊接方法分为熔焊、压焊和钎焊三类。

1）熔焊

熔焊是在焊接过程中，将焊接接头加热至熔化状态，不加压完成焊接的方法。

2）压焊

压焊是在焊接过程中，对焊件施加压力（加热或不加热）以完成焊接的方法。

3）钎焊

钎焊是采用比母材熔点低的金属材料，将焊件和钎料加热至高于钎料熔点、低于母材熔点的温度，利用液态钎料润湿母材，填充接头间隙并与母材互相扩散实现连接焊件的方法。

5.2 电弧焊

手工电弧焊，简称手弧焊。它利用焊条与工件之间建立起来的稳定燃烧的电弧，使焊条和工件熔化，从而获得牢固的焊接接头。

在焊接过程中，药皮不断地分解、熔化而生成气体及熔渣，保护焊条端部、电弧溶池以及其附近区域，以防止熔化金属氧化，焊条芯棒也在电弧作用下不断熔化，进入溶池，构成焊缝填充金属。也有焊条药皮掺有合金粉末，以提高焊缝的力学性能。

5.2.1 手工电弧焊的焊接过程

手工电弧焊过程如图5-1所示，焊接时电源的一极接工件，另一极与焊条相接。工件和焊条之间的空间在外电场的作用下，产生电弧。该电弧的弧柱温度可高达6 000 K（阴极温度达2 400 K，阳极温度达2 600 K）。它一方面使工件接头处局部熔化，同时也使焊条端部不断熔化而滴入焊件接头空隙中，形成金属熔池。当焊条移开后，熔池金属很快冷却、凝固形成焊缝，使工件的两部分牢固地连接在一起。手工电弧焊的适用范围很广，是焊接生产中普遍采用的焊接方法。

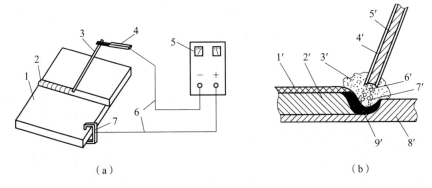

1—零件；2—焊缝；3—焊条；4—焊钳；5—焊接电源；6—电缆；7—地线夹头；
1′—熔渣；2′—焊缝；3′—保护气体；4′—药皮；5′—焊芯；6′—熔滴；7′—电弧；8′—母材；9′—熔池。

图 5-1 手工电弧焊过程
(a) 焊接连线；(b) 焊接过程

5.2.2 手工电弧焊的设备与工具

1. 交流弧焊机

交流弧焊机是一种特殊的降压变压器，它具有结构简单、噪声小、价格便宜、使用可靠、维护方便等优点，但电弧稳定性较差。BX1-330型弧焊机是目前用得较广的一种交流弧焊机，其外形如图5-2所示。型号中B表示弧焊变压器，X表示下降外特征（电源输出端电压与输出端电流的关系称为电源的外特征），1为系列品种序号，330表示弧焊机的额定焊接电流为330 A。

交流弧焊机可将工业用的电压（220 V或380 V）降低至空载时的60～70 V、电弧燃烧时的20～35 V；电流调节范围为50～450 A，它的电流调节要经过粗调和细调两个步骤。粗调是改变焊机一次接线板上的活动接线片，以改变二次线圈匝数来实现。具体操作方法是改变线圈抽头的接法选定电流范围。细调是通过改变活动铁芯的位置来进行。具体操作方法是借转动调节手柄，并根据电流指示盘将电流调节到所需值。

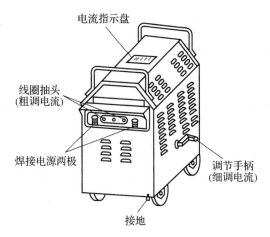

图 5-2 BX1-330 交流弧焊机

2. 直流弧焊机

直流弧焊机输出端有正、负极之分，焊接时电弧两端极性不变。弧焊机正、负两极与焊条、焊件有两种不同的接线法：将焊件接到弧焊机正极，焊条接至负极，这种接法称正接，又称正极性；反之，将焊件接到负极，焊条接至正极，称为反接，又称反极性。焊接厚板时，一般采用直流正接，这是因为电弧正极的温度和热量比负极高，采用正接能获得较大的熔深。焊接薄板时，为了防止烧穿，常采用反接。但在使用碱性焊条时，均采用直流反接。

直流弧焊机有旋转式直流弧焊机和整体式直流弧焊机。旋转式直流弧焊机结构复杂，价格比交流弧焊机贵得多，维修较困难，使用时噪声大，目前已经被淘汰。整体式直流弧焊机的结构相当于在交流弧焊机上加上整流器，从而把交流电变成直流电。它既弥补了交流弧焊机电弧稳定性不好的缺点，又比旋转式直流弧焊机结构简单，消除了噪声。

3. 工具

进行手工电弧焊时，常用的工具有焊钳、面罩、钢丝刷和尖头锤。焊钳用来夹持焊条进行焊接；面罩用来保护眼睛和脸部，免受弧光伤害；钢丝刷和尖头锤则用于清理和除渣。

5.2.3 电焊条的结构与分类

1. 电焊条的结构

电焊条（简称焊条）是涂有药皮的供手工电弧焊用的熔化电极，是手工电弧焊时的焊接材料，它由焊芯和药皮两部分组成，如图 5-3 所示。焊芯在焊接过程中既可以作为产生电弧的电极，又可以在熔化后作为填充金属，与熔化的母材共同形成焊缝。

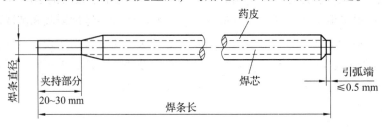

图 5-3 焊条结构

药皮是压涂在焊芯表面上的涂料层,它由矿石粉、铁合金粉和黏结剂等原料按一定比例配置而成。在焊接过程中,药皮主要起机械保护作用,防止空气进入焊缝(渣保护和气体保护)。它还具有冶金作用,如脱氧、脱磷、脱硫和渗合金元素等。药皮还能使焊条有良好的工艺性能,如稳弧、脱渣、成型美观等。

2. 电焊条的种类、型号和牌号

(1) 手工电弧焊所用焊条的种类很多,按我国统一的焊条牌号,共分为十大类:如结构钢焊条、不锈钢焊条、铸铁焊条、铜及铜合金焊条、特殊用途焊条等,其中应用最广的是结构钢焊条。

(2) 按焊条药皮熔化后的熔渣化学性质不同,焊条可分为酸性焊条和碱性焊条两大类。药皮中含酸性氧化物较多的焊条,熔渣呈酸性,称为酸性焊条,可用于交、直流电源焊接一般的焊接结构;药皮中含碱性氧化物较多的焊条,称为碱性焊条,一般宜用直流反接,常用于重要结构的焊接。

(3) 焊条型号是国家标准中的焊条代号,如标准规定碳钢焊条型号是以字母 E 加 4 位数字组成,如 E4315。其中,字母 E 表示焊条;前 2 位数字表述熔敷金属抗拉强度的最小值;第 3 位数字表示焊接位置(0 及 1 表示焊条适用于全位置焊接,即平焊、立焊、横焊、仰焊,2 为平焊及平角焊等);第 3、4 位数字组合时表示焊条的药皮类型及适用的电源种类。

(4) 焊条牌号是焊条行业统一的焊条代号,常用的酸性焊条牌号有 J422、J502 等,碱性焊条牌号有 J427、J506 等。牌号中的 J 表示结构钢焊条,牌号中 3 位数字的前 2 位 42 或 50 表示焊缝金属的抗拉强度等级,分别为 420 MPa 或 500 MPa;最后 1 位数表示药皮类型和焊接电源种类,1~5 为酸性焊条,使用交流或直流电源均可,6、7 为碱性焊条,只能用直流电源。

5.2.4 焊接接头、坡口与位置

1. 焊接接头形式和焊接坡口形式

焊接接头是指用焊接的方法连接的接头,它由焊缝、熔合区、热影响区及其邻近的母材组成。根据接头的构造形式不同,可分为对接接头、搭接接头、角接接头、T 形接头等 4 种类型,如图 5-4 所示。

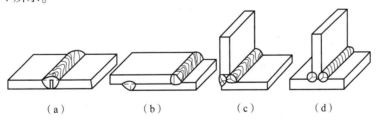

图 5-4 焊接接头形式
(a) 对接接头;(b) 搭接接头;(c) 角接接头;(d) T 形接头

熔焊接头焊前加工坡口,其目的在于使焊接容易进行,电弧能沿板厚熔敷一定的深度,保证接头根部焊透,并获得良好的焊缝成型。焊接坡口形式有 I 形坡口、V 形坡口、双 V 形坡口、U 形坡口等多种,如图 5-5 所示。对焊件厚度小于 6 mm 的焊缝,可以不开坡口或开

I 形坡口；中厚度和大厚度板对接焊，为保证熔透，必须开坡口。V 形坡口便于加工，但零件焊后易发生变形；双 V 形坡口可以避免 V 形坡口的一些缺点，同时可减少填充材料；U 形坡口，其焊缝填充金属量更小，焊后变形也小，但坡口加工困难，一般用于重要焊接结构。

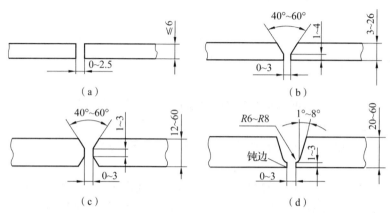

图 5-5　焊接坡口形式

(a) I 形坡口；(b) V 形坡口；(c) 双 V 形坡口；(d) U 形坡口

2. 焊接位置

在实际生产中，由于焊接结构和零件移动的限制，焊缝在空间的位置除平焊外，还有立焊、横焊、仰焊，如图 5-6 所示。平焊操作方便，焊缝成型条件好，容易获得优质焊缝并具有高的生产率，是最合适的位置；其他 3 种又称空间位置焊，焊工操作较平焊困难，受熔池液态金属重力的影响，需要对焊接规范控制并采取一定的操作方法才能保证焊缝成型，其中焊接条件仰焊位置最差，立焊、横焊次之。

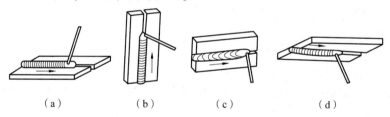

图 5-6　焊缝的空间位置

(a) 平焊；(b) 立焊；(c) 横焊；(d) 仰焊

5.2.5　手工电弧焊的工艺规范

1. 备料

按图纸要求对原材料画线，并裁剪成一定形状和尺寸。注意选择合适的接头形式，当工件较厚时，接头处还要加工出一定形状的坡口。

2. 焊接规范的选择

手工电弧焊的焊接规范，主要就是对焊接电流的大小和焊条直径的选择。至于焊接速度和电弧长度，通常由焊工根据焊条牌号和焊缝所在空间的位置，在施焊过程中适度调节。

1）焊条直径

焊条直径的选择主要取决于焊件厚度、接头形式、焊缝位置、焊道层次等因素。焊条直径与焊件厚度关系可参考表5-1；搭接和T形接头的焊接，可选用较大直径的焊条；平焊时焊条直径可也大些，立焊、横焊及仰焊则宜选用较小直径的焊条；多层焊的第一层焊缝，为了防止产生未焊透缺陷，宜采用小直径焊条。

表5-1 焊条直径与焊件厚度的关系

焊件厚度/mm	<4	4~8	9~12	>12
焊条直径/mm	≤板厚	3.2~4	4~5	5~6

2）焊接电流

焊接电流的大小主要根据焊条直径来确定。焊接电流太小，焊接生产率较低，电弧不稳定，还可能焊不透工件。焊接电流太大，则会引起熔化金属的严重飞溅，甚至烧穿工件。

对于焊接一般钢材的工件，焊条直径在3~6 mm时，可由下列经验公式求得焊接电流的参考值：

$$I = (35 \sim 55)d$$

式中：I——焊接电流（A）；

d——焊条直径（mm）。

此外，电流大小的选择，还与接头形式和焊缝在空间的位置等因素有关。立焊、横焊时的焊接电流应比平焊减少10%~15%，仰焊则减少15%~20%。

5.2.6 手工电弧焊的基本操作技术

1. 接头清理

焊前，接头处应除尽铁锈、油污，以便于引弧、稳弧和保证焊缝质量。

2. 引弧

电弧焊开始焊接时，引燃焊接电弧的过程叫引弧。常用敲击法（又称直击法）、摩擦法（又称划擦法）引弧，如图5-7所示。其中，摩擦法比较容易掌握，适宜于初学者引弧操作。

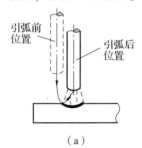 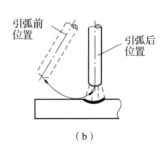

图5-7 引弧方法

(a) 敲击法；(b) 摩擦法

引弧时，应先接通电源，把电焊机调至所需的焊接电流。然后把焊条端部与工件接触短路，并立即提起到2~4 mm距离，就能使电弧引燃。如果焊条提起的距离超过5 mm，电弧就会立即熄灭。如果焊条与工件接触时间太长，焊条就会粘牢在工件上。这时，可将焊条左右摆动，就能与工件拉开，然后重新进行引弧。

3. 运条

引弧后，首先必须掌握好焊条与焊件之间的角度，如图 5-8 所示。并使焊条同时完成图中的 3 个基本动作。这 3 个基本动作如下。

（1）焊条向下送进运动。送进速度应等于焊条熔化速度，以保持弧长不变。

（2）焊条沿焊缝纵向移动。移动速度应等于焊接速度。

（3）焊条沿焊缝横向移动。焊条以一定的运动轨道周期地向焊缝左右摆动，以获得一定宽度的焊缝。

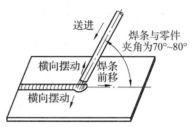

图 5-8 焊条运动和角度控制

4. 焊缝收尾

焊缝收尾时，为了不出现尾坑，焊条应停止向前移动，并采用划圈收尾法或反复断弧法自下而上地慢慢拉断电弧，以保证焊缝尾部成型良好。

5.3 气焊与气割

5.3.1 气焊

气焊是利用气体燃烧所产生的高温火焰来进行焊接的方法，如图 5-9 所示。火焰一方面把工件接头的表层金属熔化，同时把金属焊丝熔入接头的空隙中，形成金属熔池。焊炬向前移动，熔池金属随即凝固成为焊缝，使工件的两部分牢固地连接成为一体。

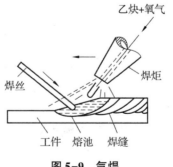

图 5-9 气焊

气焊的温度比较低，热量分散，加热速度慢，生产率低，焊件变形较严重；但火焰易控制，操作简单、灵活，气焊设备不用电源，并便于某些工件的焊前预热。所以，气焊仍得到较广泛的应用。一般用于厚度在 3 mm 以下的低碳钢薄板、管件的焊接，铜、铝等有色金属的焊接及铸铁件的焊接等。

气焊的主要设备和工具有氧气瓶、乙炔瓶、减压器、回火保险器和焊炬等。

5.3.2 气割

氧气切割简称气割，是一种切割金属的常用方法，如图 5-10 所示。气割时，先把工件切割处的金属预热到它的燃烧点，然后以高速纯氧气流猛吹。这时金属就发生剧烈氧化，所产生的热量把金属氧化物熔化成液体。同时，氧气气流又把氧化物的熔液吹走，工件就被切出了整齐的缺口。只要把切割嘴向前移动，就能把工件连续切开。

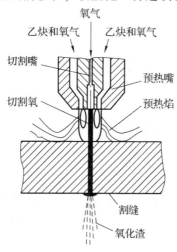

图 5-10 气割过程

但是，金属的性质必须满足下列两个基本条件，才能进行气割：
（1）金属的燃烧点应低于其熔点；
（2）金属氧化物的熔点应低于金属的熔点。

纯铁、低碳钢、中碳钢和普通低合金钢都能满足上述条件，具有良好的气割性能。高碳钢、铸铁、不锈钢，以及铜、铝等有色金属都难以进行气割。

5.4 其他焊接方法

5.4.1 气体保护焊

使用焊丝作为电极和填充材料，外加气体作为电弧介质及保护气体对电弧和熔池进行保护的电弧焊称为气体保护焊。常用的保护气体有氩气、二氧化碳等，氩弧焊是以氩气作为保护气体的气体保护焊。按所采用的电极不同可分为熔化极氩弧焊和钨极（非熔化极）氩弧焊（见图 5-11）两种。钨极氩弧焊按操

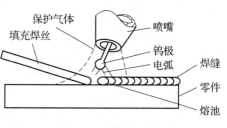

图 5-11 钨极氩弧焊

作方式不同又分为手工钨极氩弧焊和自动钨极氩弧焊。在我国，手工钨极氩弧焊应用较广泛。

钨极氩弧焊的优点是：由于焊缝被保护得好，故焊缝金属纯度高、性能好；焊接时加热集中，所以焊件变形小；电弧稳定性好，在小电流（<10 A）时电弧也能稳定燃烧；焊接过程很容易实现机械化和自动化。缺点是：氩气较贵，焊前对焊件的清理要求很严格；同时由于钨极的载流能力有限，焊缝熔深浅，只适合焊接薄板（<6 mm）和超薄板；为了防止钨极的非正常烧损，避免焊缝产生夹钨的缺陷，不能采用常用的短路引弧法，必须采用特殊的非接触引弧方式。

氩弧焊主要被用来焊接不锈钢与其他合金钢，同时还可以在无焊药的情况下焊接铝、铝合金、镁合金及薄壁制件。

5.4.2 埋弧自动焊

埋弧自动焊简称埋弧焊，其焊接过程与手工电弧焊基本一样，热源也是电弧，但把焊丝上的药皮改变成了颗粒状的焊剂。焊接前先把焊剂铺撒在焊缝上，大约40~60 mm厚，焊缝的形成过程如图5-12所示。

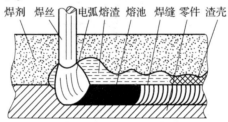

图5-12　埋弧焊时焊缝的形成过程

焊接时，焊丝与焊件之间的电弧完全掩埋在焊剂层下燃烧。靠近电弧区的焊剂在电弧热的作用下被熔化，这样，颗粒状焊剂、熔化的焊剂把电弧和熔池金属严密地包围住，使之与外界空气隔绝。焊丝不断地送进到电弧区，并沿着焊接方向移动。电弧也随之移动，继续熔化焊件与焊剂，形成大量液态金属与液态焊剂。待冷却后，便形成了焊缝与焊渣。由于电弧是埋在焊剂下面的，故称埋弧焊（又称焊剂层下电弧焊）。

埋弧焊的优点如下：

（1）生产效率高。埋弧焊的生产率可比手工焊提高5~10倍。因为埋弧焊时焊丝上无药皮，焊丝可很长，并能连续送进而无需更换焊条，故可采用大电流焊接（比手工焊大6~8倍），电弧热量大，焊丝熔化快，熔深也大，焊接速度比手工焊快得多，而且焊接变形小。

（2）焊剂层对焊缝金属的保护好，所以焊缝质量好。

（3）节约钢材和电能。钢板厚度一般在30 mm以下时，埋弧焊可不开坡口，这就大大节省了钢材，而且由于电弧被焊剂保护着，使电弧的热得到充分利用，从而节省了电能。

（4）改善了劳动条件。除减少劳动量之外，由于埋弧焊时看不到弧光，焊接过程中发出的气体量少，这对保护焊工眼睛和身体健康是很有益的。

埋弧焊的缺点是适应能力差，只能在水平位置焊接长直焊缝或大直径的环焊缝。

5.4.3 电阻焊

电阻焊（又称压力焊）是一种常用的焊接方法，它是利用电流直接流过工件本身及工

件间的接触面所产生的电阻热,使工件局部加热到高塑性或熔化状态,同时加压而完成的焊接过程。电阻焊的主要特点如下:

(1) 低电压,大电流(几千~几万安培),完成一个焊接接头时间极短(0.01~几秒),所以生产率很高。

(2) 焊接时加热加压同时进行,接头在压力下焊合。

(3) 焊接时不需要填充金属及焊药。

电阻焊的焊接方法很多,按接头形状的不同,可分为点焊、缝焊(滚焊)、凸焊、对焊。

1. 点焊

点焊方法如图5-13(a)所示,将零件装配成搭接形式,用电极将零件夹紧并通以电流,在电阻热作用下,电极之间零件接触处被加热熔化形成焊点。零件的连接可以由多个焊点实现。点焊大量应用在厚度小于3 mm且无密封性要求的薄板冲压件、轧制件接头,如汽车车身焊装、电器箱板组焊。一个点焊过程主要由预压、焊接、维持、休止4个阶段组成。

2. 缝焊

缝焊工作原理与点焊相同,但用滚轮电极代替了点焊的圆柱状电极,滚轮电极施压于零件并旋转,使零件相对运动。在连续或断续通电下,形成一个个熔核相互重叠的密封焊缝,其焊接循环如图5-13(b)所示。缝焊一般应用在有密封性要求的接头制造上,适用材料板厚为0.1~2 mm,如汽车油箱、暖气片、罐头盒等。

3. 凸焊

凸焊是在一焊件接触面上预先加工出一个或多个突起点,在电极加压下与另一零件接触,通电加热后突起点被压塌,形成焊接点的电阻焊方法,如图5-13(c)所示,突起点可以是凸点、凸环或环形锐边等形式。凸焊焊接循环与点焊一样。凸焊主要应用于低碳钢、低合金钢冲压件的焊接,另外螺母与板焊接、线材交叉焊也多采用凸焊。

4. 对焊

对焊方法主要用于断面面积小于250 mm^{2}的丝材、棒材、板条和厚壁管材的连接。工作原理如图5-13(d)所示,将两零件端部相对放置,加压使其端面紧密接触,通电后利用电阻热加热零件接触面至塑性状态,然后迅速施加大的顶锻力完成焊接。对焊的特点是在焊接后期施加了比预压大的顶锻力。

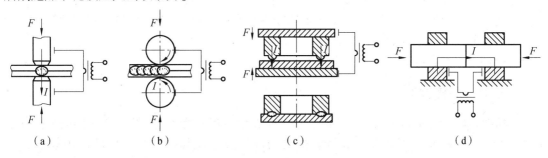

图5-13　电阻焊基本方法

(a) 点焊;(b) 缝焊;(c) 凸焊;(d) 对焊

对焊是在手动或自动的专用焊机上进行的。焊接时，焊件在它的整个接触面上被焊接起来。对焊可分为电阻对焊和闪光对焊两种主要方法。在实际生产中，闪光对焊比电阻对焊应用更广泛。

5.4.4 钎焊

钎焊是利用熔点比焊件金属低的钎料作为填充材料，经过加热熔化后，把两个焊件在固态下连接起来的一种焊接方法。钎焊有硬钎焊和软钎焊两大类。硬钎焊的钎料熔点大于450 ℃，接头强度可达 500 MPa，如常用的铜焊、银焊等；软钎焊的钎料熔点低于 450 ℃，所得到的接头强度一般低于 70 MPa，如锡焊。根据所用热源不同，有氧-乙炔焰钎焊、电阻钎焊、高频感应钎焊、盐浴钎焊和烙铁钎焊等。钎焊时钎料熔化，焊件被加热但不熔化，借助毛细管作用，使钎料填满焊件连接处的间隙，冷凝后即得到钎焊接头。在焊接过程中，为了去除钎料和母材表面的氧化物，改善钎料润滑性，获得优质接头，钎焊时需要加钎剂。

钎焊过程中，焊件加热温度低，组织和性能变化小，变形也小，接头尺寸精确，生产率也高。它主要应用于异种金属及特殊结构件的焊接，在仪表、无线电、航空、喷气技术、装饰品及硬质合金刀具的焊接中应用广泛。

5.5 焊接质量及分析

5.5.1 焊接应力与变形

在焊接过程中，由于焊件受热的不均匀性及熔敷金属的冷却收缩等原因，焊件在焊后会产生焊接应力和变形。应力的存在会使得焊件力学性能降低，甚至会产生焊接裂纹，使结构开裂。而变形则会使焊件的形状和尺寸发生变化，影响装配和使用。焊接变形的基本形式有：收缩变形、角变形、弯曲变形、扭曲变形和波浪变形等。如薄钢板的对接，焊后会发生纵横向的收缩，并有一定量的角变形。

焊接应力和变形是不可避免的，但可以采取合理的结构和工艺措施来减少和消除它。设计结构时，在保证使用性能的前提下，应尽量减少焊缝数量、合理布置焊缝位置、避免焊缝交叉等，可达到减少产生应力和变形的目的。在焊接工艺方面主要的措施有：反变形法，刚性固定法，选用能量集中的焊接方法，合理的焊接顺序及方向，对称焊接，焊前预热。对已经产生的变形，可以进行矫正，主要的方法有机械矫正和火焰矫正两种。轻轻锤击焊缝边缘以及热处理等方法也可减少甚至消除焊接应力。

5.5.2 焊接缺陷

焊接时，因工艺不合理或操作不当，往往会在焊接接头处产生缺陷。用不同的焊接方法焊接，产生的缺陷及原因也各不相同。常见的焊接缺陷及其特征和产生的原因如表 5-2 所示。

表 5-2 常见的焊接缺陷及其特征和产生的原因

缺陷名称	特征	产生的原因
未焊透	焊接时接头根部出现未完全熔透的现象	电流太小，焊速太快； 坡口角度尺寸不准
烧穿	焊接过程中，熔化金属自坡口背面流出而形成的穿孔	电流过大，间隙过大； 焊速过低，电弧在焊缝处停留时间过长
夹渣	焊后残留在焊缝中的熔渣	坡口角度过小； 焊条质量不好； 除锈清渣不彻底
气孔	熔焊时熔池中的气泡在凝固时未能逸出而残留下来形成的空穴	焊条受潮生锈、药皮变质、剥落； 焊缝未彻底清理干净； 焊速太快，冷却太快
裂纹	在焊缝或近缝区的焊件表面或内部产生横向或纵向的间隙，具有尖锐的缺口和大的长宽比特征	选材不当，预热、缓冷不当； 焊接顺序不当； 结构不合理，焊缝过于集中

5.5.3 焊接检验

工件焊完后，应根据相关的产品技术条件所规定的要求进行检验。生产中常用的检验方法有外观检验、致密性检验和无损检验等。

1. 外观检验

用肉眼或借助低倍放大镜观察焊缝表面情况，确定是否有缺陷存在；用样板、焊缝量尺测量焊缝外形尺寸是否合格。

2. 致密性检验

本检验主要用来检查要求密封的容器和管道。常用的方法有水压试验、气压试验。水压试验用于检查受压容器的强度和焊缝致密性，试验压力为工作压力的 1.25~1.5 倍。

3. 无损检验

无损检验主要用于检查焊缝内部缺陷。常用方法有磁粉探伤、渗透探伤、射线探伤和超声波探伤等。

磁粉探伤是利用磁粉处于磁场中的焊接接头表面上的分布特征来检验铁磁性材料的表面微裂纹和近表面缺陷。

渗透探伤是利用带有荧光染料（荧光法）或红色染料（着色法）的渗透剂对焊接缺陷的渗透作用来检查表面微裂纹。

射线探伤和超声波探伤是用专门仪器检查焊接接头是否有内部缺陷，如裂纹、未焊透、气孔、夹渣等。

上述各种方法均属于非破坏性检验。必要时，根据产品设计要求还可以进行破坏性检验，如力学性能实验、金相检验、断口检验及耐腐蚀检验等。

思考与练习

1. 什么是焊接？常见的焊接方法有哪几种？
2. 弧焊机有哪几种？说明你在实习中使用的弧焊机的型号和主要技术参数。
3. 焊条的组成有哪些？各部分的作用是什么？
4. 常用的焊接接头形式有哪些？焊厚板时开坡口的意义是什么？
5. 手工电弧焊的工艺参数有哪些？其中焊接电流应怎样选择？
6. 气焊的设备由哪几部分组成？
7. 钨极氩弧焊有哪些特点及应用范围？
8. 电阻焊的基本形式有哪几种？各自的特点和应用范围怎样？
9. 焊接检验的主要方法有哪些？
10. 结合"创新设计与制造"活动，利用你掌握的焊接技术和实习中现有的材料，设计一种实用的工艺品或生活用品，并把它制造出来。

第 6 章 热处理

6.1 热处理概述

随着现代工业以及科学技术的发展，人们对金属材料的性能要求越来越高。为满足性能要求，一般可以采取两种方法：研制新材料和对金属材料进行热处理。后者是最广泛、最常用的方法。热处理是通过加热、保温和冷却的方法改变材料的组织结构，以获得工件所要求性能的热加工技术。为使材料获得特定要求，其热处理工艺参数的确定必须使具体工件满足钢的组织转变规律。

钢的热处理是将钢在固态下进行加热、保温和冷却，改变其表面或内部组织，从而获得所需性能的工艺方法。

通过热处理可以提高材料的力学性能（强度、硬度、塑性和韧性等），同时，还可改善其工艺性能（如改善毛坯或原材料的切削性能，使之易于加工），从而扩大材料的使用范围，提高材料的利用率，也满足了一些特殊使用要求。因此，各种机械中许多重要零件都要进行热处理。

在热处理时，要根据零件的形状、大小、材料及性能等要求，采取不同的加热速度、加热温度、保温时间以及冷却速度，因而有不同的热处理方法，常用的有普通热处理和表面热处理两类。普通热处理方法有退火、正火、淬火和回火，表面热处理可分为表面淬火与化学热处理两类。普通热处理方法的工艺曲线如图 6-1 所示。

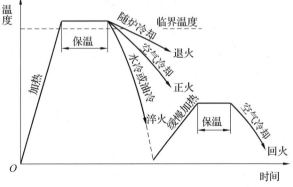

图 6-1 普通热处理方法的工艺曲线

6.2 钢的热处理方法

6.2.1 钢的普通热处理

1. 退火

将钢加热到某一适当温度,并保温一定时间,然后缓慢冷却(一般随炉冷却)的工艺过程称为退火。退火的主要目的是:改善组织,使成分均匀、晶粒细化,提高钢的力学性能,消除内应力,降低硬度,提高塑性和韧性,改善切削加工性能。

退火既为了消除和改善前道工序遗留的组织缺陷和内应力,又为后续工序做好准备,因此,退火又称为预先热处理。如在零件制造过程中常对铸件、锻件、焊接件进行退火处理,便于以后的切削加工或为淬火作组织准备。

2. 正火

将钢加热到适当温度,保温一定时间,然后在空气中自然冷却的工艺过程称为正火。

正火的主要目的与退火基本类似。两者的主要区别是:正火的冷却速度稍快,正火比退火所得到的组织细,强度和硬度比退火的高,而塑性和韧性则稍低,内应力消除不如退火彻底。因此,有些塑性和韧性较好、硬度低的材料(如低碳钢),可以通过正火处理,提高工件硬度,改善其切削性能。正火热处理的生产周期短、效率高,因此,在能达到零件性能要求时,应尽可能选用正火。

3. 淬火

将钢加热到临界温度以上,保温一定时间,然后快速冷却的工艺过程称为淬火。淬火的主要目的是:提高工件强度和硬度,增强耐磨性。淬火是钢件强化最经济有效的热处理工艺,几乎所有的工具、模具和重要的零件都需要进行淬火热处理。

淬火后,钢的硬度高、脆性大,一般不能直接使用,必须进行回火后(获得所需综合性能)才能使用。

4. 回火

将已经淬火的钢重新加热到一定温度,保温一定时间,然后冷却到室温的工艺过程称为回火。回火一方面可以消除或减少淬火产生的内应力,降低硬度和脆性,提高韧性;另一方面可以调整淬火钢的力学性能,达到钢的使用性能。根据回火温度的不同,回火可分为低温回火、中温回火和高温回火3种。

1)低温回火

低温回火的回火温度为150~250 ℃,主要是减少工件内应力,降低钢的脆性,保持高硬度和高耐磨性。低温回火主要应用于要求硬度高、耐磨性好的工件,如量具、刃具(钳工实习时用的锯条、锉刀等)、冷变形模具和滚珠轴承等。

2)中温回火

中温回火的回火温度为350~450 ℃。经中温回火后可以使工件的内应力进一步减少,组织基本恢复正常,因而具有很高的弹性。中温回火主要应用于各类弹簧、高强度的轴及热锻模具等工件。

3）高温回火

高温回火的回火温度为 500～650 ℃。经高温回火后可以使工件的内应力大部分消除，具有良好的综合力学性能（既有一定的强度、硬度，又有一定的塑性、韧性）。通常将淬火后再高温回火的处理称为调质处理。调质处理被广泛用于综合性能要求较高的重要结构零件，其中轴类零件应用最多。

6.2.2 钢的表面热处理

机械制造中有不少零件表面要求具有较高的硬度和耐磨性，而心部要求有足够的塑性和韧性。这些要求很难通过选择材料来解决。为了兼顾工件表面和心部的不同要求，可采用表面热处理方法。生产中应用较广泛的有表面淬火与化学热处理等。

1. 表面淬火

将钢件的表面快速加热到淬火温度，在热量还未来得及传到心部之前迅速冷却，仅使表面层获得淬火组织的工艺过程称为表面淬火。表面淬火后需进行低温回火，以降低内应力，提高表面硬化层的韧性和耐磨性。表面淬火适用于中碳钢和中碳合金钢材料的表面热处理。

2. 化学热处理

化学热处理是利用化学介质中的某些元素渗入到工件的表面层，以改变工件表面层的化学成分和结构，从而达到使工件的表面层具有特定要求的组织和性能的一种热处理工艺。通过化学热处理可以强化工件表面，提高表面的硬度、耐磨性、耐腐蚀性、耐热性及其他性能。

按照渗入元素的种类不同，化学热处理可分为渗碳、渗氮、氰化和渗金属等。

渗碳是将零件置于高碳介质中加热、保温，使碳原子渗入表面层的过程。经过渗碳、淬火和低温回火，可使工件的表面层具有高硬度和耐磨性，而工件的中心部分仍然保持着低碳钢的韧性和塑性。

渗氮是将零件置于高氮介质中加热、保温，使氮原子渗入表面层的过程，其目的是提高零件表面层的硬度与耐磨性，以及提高疲劳强度、抗腐蚀性等。

氰化（又称碳氮共渗）是使零件表面同时渗入碳原子与氮原子的过程，它使钢表面同时具有渗碳与渗氮的特性。

渗金属是指以金属原子渗入钢的表面层的过程。它使钢的表面层合金化，以使工件表面具有某些合金钢、特殊钢的特性，如耐热、耐磨、抗氧化、耐腐蚀等。生产中常用的有渗铝、渗铬等。

思考与练习

1. 什么叫退火？什么叫正火？什么情况下可用正火代替退火？
2. 什么叫淬火？淬火后为什么要回火？回火温度对钢的性能影响如何？
3. 什么叫表面淬火？什么情况下工作的工件需表面淬火？举例说明。

第 7 章 车削加工

7.1 车削加工概述

车削加工是指在车床上利用工件的旋转运动和刀具的直线运动来完成零件切削加工的方法。车削加工的加工范围广泛，适应性强；能够对不同材料、不同精度要求的工件加工；生产效率较高，工艺性强；操作难度大，危险系数高。车削加工过程连续平稳，车削加工的尺寸公差等级可达到 IT9~IT7，表面粗糙度 Ra 值可达到 12.5~0.8 μm。

车削加工的基本内容有车外圆、车端面、切断和切槽、钻中心孔、钻圆柱孔、车孔、车圆锥面和车螺纹等，部分内容如图 7-1 所示。

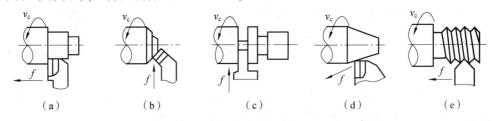

图 7-1 车削加工

(a) 车外圆和台阶；(b) 车端面和倒角；(c) 切断和切槽；(d) 车圆锥面；(e) 车螺纹

7.2 车床

为了满足生产的需要，车床有很多类型。目前，常见的有普通车床、落地车床、立式车床、六角车床、自动及半自动车床、仿形及多刀车床等。此外，还有数控车床。以上类型中应用最广泛的是普通车床。

7.2.1 车床的型号

车床的型号一般用 "C61××" 来表示，其中 C 为机床类别代号，表示车床；后面 4 位数字组成：其中第一位为组别代号——6 表示落地及卧式车床；第二位为系列代号——1 表示卧式车床；第三、四位合在一起表示机床的主参数——机床能加工工件的最大回转直径（mm）的 1/10。例如，C6132 就是最大加工工件直径为 320 mm 的落地卧式普通车床，中心高为 160 mm。有的在后面还有 A、B 等字母，表示第一、二次重大改进。

7.2.2 普通车床各部分的名称和用途

C6132 普通车床的外形如图 7-2 所示。

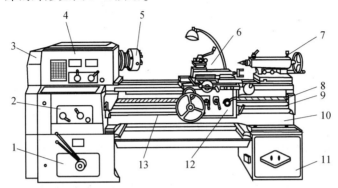

1—变速箱；2—进给箱；3—挂轮箱；4—主轴箱；5—自定心卡盘；6—刀架；
7—尾座；8—丝杠；9—光杠；10—床身；11—床腿；12—溜板箱；13—操纵杆。

图 7-2　C6132 普通车床的外形

1. 变速箱

变速箱用来改变主轴的转速，主要由传动轴和变速齿轮组成。通过操纵变速箱和主轴箱外面的变速手柄来改变齿轮或离合器的位置，可使主轴获得不同的速度。主轴的反转是通过电动机的反转来实现的。

2. 主轴箱

主轴箱用来支承主轴，并使其做各种速度的旋转运动；主轴是空心的，便于穿过长的工件；在主轴的前端可以利用锥孔安装顶尖，也可利用主轴前端圆锥面安装卡盘或拨盘，以便装夹工件。

3. 挂轮箱

挂轮箱用来搭配不同齿数的齿轮，以获得不同的进给量，主要用于车削不同种类的螺纹。

4. 进给箱

进给箱用来改变进给量。主轴经挂轮箱传入进给箱的运动，通过移动变速手柄来改变进给箱中滑动齿轮的啮合位置，便可使光杠或丝杠获得不同的转速。

5. 溜板箱

溜板箱用来使光杠和丝杠的转动改变为刀架的自动进给运动。光杠用于一般的车削，丝杠只用于车螺纹。溜板箱中设有互锁机构，使两者不能同时使用。

6. 刀架

刀架用来夹持车刀并使其做纵向、横向或斜向进给运动，其结构如图 7-3 所示。

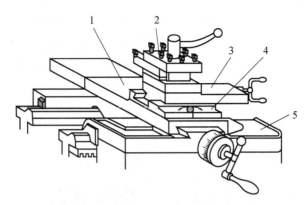

1—中滑板；2—方刀架；3—小滑板；4—转盘；5—床鞍。

图 7-3 刀架的结构

（1）中滑板。它可沿床鞍上的导轨做横向移动。

（2）方刀架。它固定在小滑板上，可同时装夹 4 把车刀；松开锁紧手柄，即可转动方刀架，把所需要的车刀更换到工作位置上。

（3）小滑板。它可沿转盘上面的导轨做短距离移动；当将转盘偏转若干角度后，可使小滑板做斜向进给，以便车削锥面。

（4）转盘。它与中滑板用螺钉紧固，松开螺钉便可在水平面内扳转任意角度。

（5）床鞍。它与溜板箱连接，可沿床身导轨做纵向移动，其上面有横向导轨。有时也被称为大滑板、大拖板或大刀架。

7. 尾座

尾座用于安装后顶尖以支承工作，或安装钻头、铰刀等刀具进行孔加工。尾座的结构如图 7-4 所示，它主要由套筒、尾座体、底座等几部分组成。

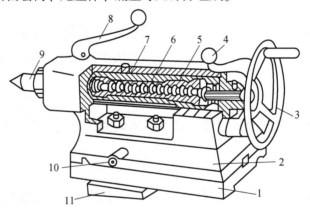

1—底座；2—尾座体；3—手轮；4—尾座锁紧手柄；5—丝杠螺母；6—丝杠；7—套筒；
8—套筒锁紧手柄；9—顶尖；10—螺钉；11—压板。

图 7-4 尾座的结构

8. 床身

床身固定在床腿上，床身是车床的基本支承件，床身的功用是支承各主要部件，并使它们在工作时保持准确的相对位置。

9. 丝杠

丝杠能带动床鞍做纵向移动，用来车削螺纹，丝杠是车床中的主要精密件之一，一般不用丝杠加工非螺纹表面，以便长期保持丝杠的精度。

10. 光杠

光杠用于机动进给时传递运动。通过光杠可把进给箱的运动传递给溜板箱，使刀架做纵向或横向进给运动。

11. 操纵杆

操纵杆是车床的控制机构，在操纵杆的左端和溜板箱的右侧各装有一个手柄，操作人员可以很方便地操纵手柄以控制车床主轴正转、反转或停车。

7.2.3 普通车床的传动系统

普通车床的传动系统框图如图 7-5 所示。电动机输出的动力经变速箱通过带传动传给主轴，变换变速箱和主轴箱外的手柄位置，得到不同的齿轮组啮合，从而得到不同的主轴转速。主轴通过卡盘带动工件做旋转运动。同时，主轴的旋转运动通过换向机构、交换齿轮、进给箱、光杠（或丝杠）传给溜板箱，使溜板箱带动刀架沿床身做纵、横直线进给运动或车螺纹。

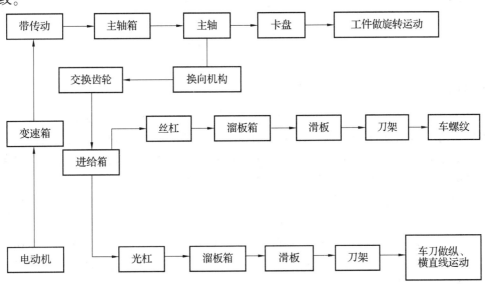

图 7-5 普通车床传动系统框图

7.3 车刀

根据不同的车削内容，需要有不同种类的车刀。常用车刀有外圆车刀（偏刀、弯头车刀、直头车刀等）、切断刀、成型车刀、宽刃槽车刀、螺纹车刀、端面车刀、切槽刀、通孔车刀、盲孔车刀等。常用车刀及应用情况如图 7-6 所示。

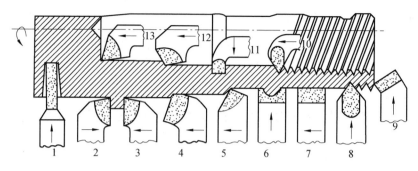

1—切断刀；2—90°左偏刀；3—90°右偏刀；4—弯头车刀；5—直头车刀；6—成型车刀；7—宽刃槽车刀；8—外螺纹车刀；9—端面车刀；10—内螺纹车刀；11—内切槽车刀；12—通孔车刀；13—盲孔车刀。

图 7-6 常用车刀及应用情况

7.3.1 车刀种类

常用车刀种类如图 7-7 所示。

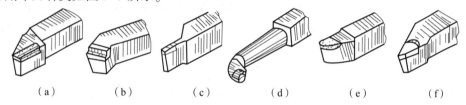

图 7-7 常用车刀种类

(a) 外圆车刀；(b) 端面车刀；(c) 切断刀；(d) 内孔车刀；(e) 成型车刀；(f) 螺纹车刀

1. 外圆车刀

外圆车刀用于加工外圆柱面和外圆锥面，它分直头车刀、弯头车刀和偏刀 3 种。直头车刀主要用于车削没有阶梯的光轴。45°弯头车刀既可以车削外圆，也可以车削端面和倒棱，通用性较好，所以得到广泛使用。偏刀有 90°和 93°主偏角两种，常用来车削阶梯轴和细长轴。细长轴车削也可采用 75°偏刀，即主偏角为 75°，以提高车刀耐用度。

外圆车刀又分为粗车刀、精车刀和宽刃光刀。精车刀刀尖圆弧半径较大，可获得较小的残留面积。宽刃光刀用于低速大进给量精车。

外圆车刀按进给方向又分为正手刀和反手刀。按正常进给方向使用的车刀，主切削刃在刀杆左侧，称为正手刀或右偏刀；当反方向进给时，主切削刃在刀杆右侧，称为反手刀或左偏刀。

2. 端面车刀

端面车刀用于车削垂直于轴线的平面，它工作时采用横向进给。

3. 切断刀

切断刀用于从棒料上切下已加工好的零件，也可以切窄槽。切断刀切削部分宽度很小，强度低，排屑不畅时极易折断，所以要特别注意刃形和几何参数的合理性。

4. 内孔车刀

内孔车刀用于车削圆孔，其工作条件较外圆车刀差，这是由于内孔车刀的刀杆截面尺寸和悬伸长度都受被加工孔的限制，刚度低、易振动，只能承受较小的切削力。

5. 成型车刀

成型车刀是一种加工回转体成型表面的专用刀具。它不但可以加工外成型表面，还可以加工内成型表面。成型车刀主要用在大批量生产，其设计与制造比较麻烦，刀具成本比较高。但为使成型表面精度得到保证，工件批量小时，在普通车床上也常常使用。

6. 螺纹车刀

螺纹车刀车削部分的截形（即牙型）与工件螺纹的轴向截形相同。按所加工的螺纹牙型不同，分为普通螺纹车刀、梯形螺纹车刀、矩形螺纹车刀、锯齿形螺纹车刀等几种。车削螺纹比攻螺纹和套螺纹加工精度高，表面粗糙度值低，因此，车削螺纹是一种常用的螺纹加工方法。

7.3.2 车刀角度

为了确定车刀切削刃和其前、后刀面在空间的位置，即确定车刀的几何角度，有必要建立3个互相垂直的坐标平面（辅助平面）：基面、切削平面和正交平面。车刀在静止状态下，基面是过工件轴线的水平面，主切削平面是过主切削刃的铅垂面，正交平面是垂直于基面和主切削平面的铅垂剖面。车刀切削部分在辅助平面中的位置，形成了车刀的几何角度。车刀的主要角度有前角 γ_0、后角 α_0、主偏角 κ_r、副偏角 κ_r'，如图7-8所示。

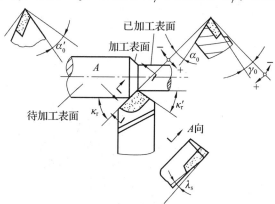

图7-8 车刀的主要角度

1. 前角 γ_0

前角是指前刀面与基面间的夹角，其角度在正交平面中测量。增大前角会使前刀面倾斜程度增加，切屑易流经前刀面，且变形小而省力；但前角也不能太大，否则会削弱刀刃强度，容易崩坏。前角一般为 $-5° \sim 20°$。前角的大小还取决于工件材料、刀具材料及粗、精加工情况，如工件材料和刀具材料较硬，为了保证刀刃强度，前角应取小值；而在精加工时，为了切削省力并提高加工精度，前角应取大值。

2. 后角 α_0

后角是指后刀面与切削平面间的夹角，其角度在正交平面中测量，其作用是减小车削时主后刀面与工件间的摩擦，降低切削时的振动，提高工件表面加工质量。后角一般为 $3°\sim12°$，粗加工或切削较硬材料时后角取小值，精加工或切削较软材料时取大值。

3. 主偏角 κ_r

主偏角是指主切削平面与假定工作平面间的夹角，其角度在基面中测量。减小主偏角，可使刀尖强度增加，散热条件改善，提高刀具使用寿命，但同时也会使刀具对工件的背向力增大，使工件变形而影响加工质量，如不易车削细长轴类工件等，所以通常主偏角取 $45°$、$60°$、$75°$ 和 $90°$ 等几种。

4. 副偏角 κ_r'

副偏角是指副切削平面与假定工作平面间的夹角，其角度在基面中测量，其作用是减少副切削刃与已加工表面间的摩擦，以提高工件表面加工质量，副偏角一般取 $5°\sim15°$。

7.4 工件的安装及车床附件

车床上常备有自定心卡盘、顶尖、中心架、跟刀架、花盘和心轴等附件，以适应不同形状和尺寸的工件的装夹。

1. 自定心卡盘

自定心卡盘是车床上最常用的附件，其外形和结构如图7-9所示。当转动3个小锥齿轮中的任何一个时，都会使大锥齿轮旋转。大锥齿轮背面有平面螺纹，它与3个卡爪背面的平面螺纹相配合。于是大锥齿轮转动时，3个卡爪在卡盘体的径向槽内同时做向心或离心移动，以夹紧或松开工作。

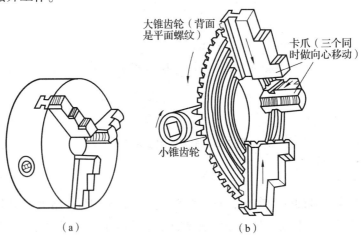

图 7-9 自定心卡盘的外形和结构
(a) 外形；(b) 结构

自定心卡盘能自动定心，装夹工件方便，但定心精度不很高，传递的扭矩也不大，适用于夹持表面光滑的圆柱形、三角形等工件。

2. 单动卡盘

单动卡盘如图 7-10 所示，4 个卡爪分别安装在卡盘体的 4 条槽内，卡爪背面有螺纹，与 4 个螺杆相配合。分别转动这些螺杆，就能逐个调整卡爪的位置。

单动卡盘夹紧力大，适用于装夹毛坯、方形、椭圆形以及一些形状不规则的工件。装夹时，工件上应预先划出加工线，而后仔细找正位置，如图 7-11 所示。

图 7-10 单动卡盘

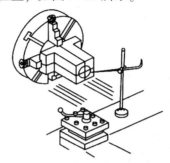

图 7-11 在单动卡盘上找正工件位置

3. 顶尖和拨盘

较长的轴类工件常用两顶尖安装，如图 7-12 所示。工件支承在前、后顶尖之间，工件的一端用夹头夹紧，由拨盘带动旋转。

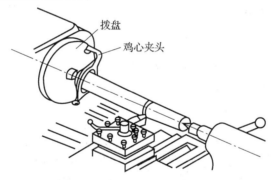

图 7-12 在两顶尖间装夹工件

顶尖的形状如图 7-13 所示。60°的锥形是支承工件的部分。尾部则安装在车床主轴孔或尾座套筒孔中。顶尖尺寸较小时，可通过顶尖套安装。

用顶尖安装工件时，应先车平工件端面，并用中心钻打出中心孔。中心孔及中心钻的形状如图 7-14 所示。中心孔的圆锥部分与顶尖配合，应平整光洁。中心孔的圆柱部分用于容纳润滑油和避免顶尖尖端触及工件。

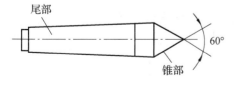

图 7-13 顶尖

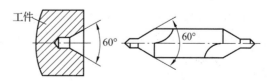

图 7-14 中心钻和中心孔

4. 中心架和跟刀架

当加工细长轴时，除了用顶尖装夹工件以外，还需要采用中心架或跟刀架支承，以减小因工件刚性差而引起的加工误差。

中心架的结构如图 7-15 所示，跟刀架的结构如图 7-16 所示。中心架由压板螺钉紧固在车床导轨上，调节 3 个支承爪与工件接触，以增加工件刚性。中心架用于夹持一般长轴、阶梯轴以及端面和孔都需要加工的长轴类工件。跟刀架紧固在刀架纵溜板上，并与刀架一起移动，跟刀架只有 2 个支承爪，它只适用于夹持精车或半精车细长轴类的工件，如丝杠和光杠等。

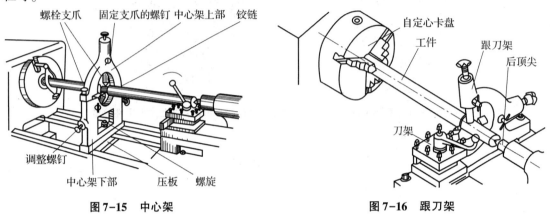

图 7-15　中心架　　　　　　　　图 7-16　跟刀架

5. 花盘

形状不规则而无法用自定心或单动卡盘装夹的工件，可以用花盘装夹。用花盘装夹工件如图 7-17 所示。用花盘装夹工件时，往往重心偏向一边，为了防止转动时产生振动，在花盘的另一边需加平衡块。工件在花盘上的位置需要仔细找正。

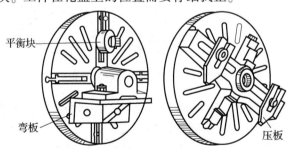

图 7-17　用花盘装夹工件

6. 心轴

在普通车床上加工内、外圆的同轴度及端面和孔的垂直度要求较高的盘、套类零件时，可用心轴安装，如图 7-18 所示。将工件安装在心轴上，再把心轴安装在前、后顶尖之间来加工工件外圆或端面。

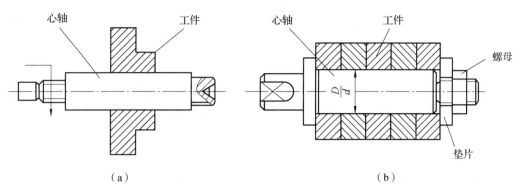

图 7-18 心轴的安装
(a) 小锥度心轴;(b) 圆柱心轴

7.5 车削的基本操作内容及要点

7.5.1 车外圆

外圆车削是车削加工中最基本、最常用的工作,外圆车削可分为粗车、精车两个步骤:粗车是把毛坯上的多余部分尽快地切去,这时不要求工件达到图纸要求的尺寸精度;精车是把工件上经过粗车后留下的余量车去,使工件达到图纸上的要求。

1. 常用外圆车刀的种类与安装

车外圆常用的车刀有 45°直头车刀、90°偏刀、75°偏刀、45°弯头车刀等多种,其中最常用的是 45°弯头车刀和 90°偏刀。45°弯头车刀可车削外圆、端面及倒角,适合加工不带台阶的轴类零件,其特点是有两个刀尖、三条刀刃。90°偏刀可以车外圆、端面及台阶,一般来讲加工细长轴和台阶轴时,选用 90°偏刀。其特点是在车削外圆时,轴向力大而径向力极小。

车刀安装时应注意:车刀的刀尖应对准工件的中心;车刀伸出的长度为刀杆厚度的 1.5~2 倍;车刀的中心线要与工件轴线垂直;垫片要尽量少而平。

2. 车外圆时切削用量的选择

粗车时,选用大的背吃刀量 a_p、进给量 f 以及较小的切削速度 v_c;精车时,选用小的 a_p、f 以及较大的 v_c。

3. 外圆加工的方法与步骤

外圆加工的方法是试切法,即通过试验切削达到所需要的尺寸的方法。具体步骤如下:
(1) 安装车刀。
(2) 检查毛坯尺寸是否正确,表面是否有缺陷。
(3) 装夹工件。
(4) 试切。

（5）切削。在试切的基础上，获得合格的尺寸后就可以扳动自动走刀手柄使之自动走刀。每当车刀纵向进给至距末端 3～5 mm 时，应改自动进给为手动进给，以避免走刀超长或车刀切削到卡盘爪。如此循环直至加工表面合格，即可在车削到需要长度时，停止走刀，退出车刀，然后停车（注意不能先停车后退刀，否则会造成车刀崩刀）。

（6）检验。加工好的零件要进行测量检验，首件还要送专职检验员检验，以确保零件的质量。

4. 车外圆时废品的产生及预防

（1）毛坯车不到规定尺寸。产生的原因主要是毛坯余量不够、工件材料弯曲、装卡时校正或中心孔位置不对，所以加工前必须检查毛坯并采取相应措施。

（2）尺寸不正确。主要原因是看错图纸或没有试切试量，因此，加工中一定要先看清图纸尺寸要求，根据加工余量算出背吃刀量，车最后一刀时，一定要严格地试切，防止产生废品。

（3）有锥度。主要原因是尾座顶尖和主轴不同轴。加工前要调整尾座，试切几次，直至合格为止。

（4）不圆。主要原因是主轴间隙太大，或尾座顶尖不紧。加工前要注意检查，加工中注意调整或请机修师傅修理机床。

（5）表面粗糙度达不到要求。主要原因是车刀变钝、机床振动、切削用量不当。根据上述原因进行检查，并采取相应措施。

7.5.2 车端面和台阶

零件上的端面与台阶一般都要求垂直零件的轴心线。车端面和台阶与车外圆相比，有许多相同之处，只是在使用的刀具和车削方法上有所不同。

1. 车端面和台阶的车刀

车削端面和台阶，通常使用偏刀和弯头车刀。偏刀分右偏刀和左偏刀。右偏刀用来车削工件的外圆、端面和台阶。左偏刀一般用来车削左向台阶，也适用于车削直径较大和长度较短工件的端面和外圆。车端面时，除了前面介绍的车刀安装时应注意的几点外，还要注意车刀的刀尖应严格地对准工件中心，否则会使工件端面中心处产生凸头。在使用硬质合金车刀时，如不注意这一点，当车到工件中心时会使刀尖立即崩掉。此外，用偏刀车削时，装刀时还必须使车刀的主切削刃跟工件表面夹角成 90°或大于 90°，否则，车出来的台阶会跟工件中心线不垂直。

2. 端面的车削

（1）工件的安装。车端面时，工件装夹在卡盘上，必须校正其平面和外圆。校正平面时可用划针盘。在装夹工件时，还要注意工件伸出卡盘的部分应该短些，工件伸出过长会把车刀抬起并打坏。

（2）车端面的方法。用偏刀车削端面时，在通常的情况下，偏刀向中心走刀时，是用副切削刃进行切削，切削不顺利。如果背吃刀量较大，向里的切削会使车刀扎入工件，从而形成凹面。要克服这个缺点，可从中心向外走刀，这时是利用主切削刃进行切削，所以不容易产生凹面或者在车刀副切削刃上磨出前角，使之成为主切削刃车削。在精车端面时，应该用偏刀由外向中心进刀，这时因为切屑是流向待加工表面的，所以车出来的表面的表面粗糙度值较小。用左偏刀车削端面时，是用主切削刃进行切削，所以切削顺利，车削的表面也较光洁，适用于车削有台阶的平面。

用45°弯头车刀车削端面时，是利用主切削刃进行切削，所以切削顺利，工件表面粗糙度值较小，而且45°弯头车刀的刀尖等于90°，刀头强度比偏刀大，适于车削较大的平面并能倒角和车外圆。用75°左偏刀车削端面时，是利用主切削刃进行切削的，所以切削顺利，也能车出表面粗糙度值较小的平面。同时，75°左偏刀的刀头强度最好，车刀寿命也最长，可适用于车削铸锻件的大平面。

3. 台阶的车削

台阶的车削实际上是车外圆和车端面的组合，其车削方法跟车外圆没有明显不同，但在车削时需要兼顾外圆的尺寸精度和台阶的长度要求。尤其是车削多台阶的工件，应注意上述要求，否则就会产生废品。控制好长度尺寸的关键是必须按图纸找出正确的测量基准，如果基准找得不正确，就会造成累积误差而产生废品。车高度在 5 mm 以下的台阶时，可在车外圆时同时车出。为了使车刀的主切削刃垂直于工件的轴线，可在先车好的端面上对刀，使主切削刃和端面贴平。

为使台阶长度符合要求，可用钢尺确定台阶长度。车削时先用刀尖刻出线痕，以此作为加工界限。这种方法不很准确，一般线痕所定的长度应比所需的长度略短，以留有余地。车高度在 5 mm 以上的台阶时，应分层进行切削。

7.5.3 切断和切槽

在车削加工中，当零件的毛坯是整根棒料而且很长时，需要把它事先切成一段，然后进行车削；或者在车削完成后把工件从原材料上切下来，这样的加工方法叫切断。

在工件的外圆或端面上切有各种形式的槽子。它们的作用一般是为了磨削外圆时退刀方便，或磨削端面时保证局部垂直，或在车削螺纹时便于退刀和使用时能旋平螺母。这些沟槽在机器上的最后作用是使装配时零件有一个正确的轴向位置。

1. 切断车削对切断刀的几何形状的要求

高速钢切断刀的刀头宽度不能太宽，以免浪费材料及引起振动；如太窄又容易使刀头折断。为了使切削顺利，切断刀的前面应磨出一个浅的卷屑槽。卷屑槽过深，会削弱刀头强度，使刀头容易折断。切断时，为了防止切下的工件端面有一个小凸头，以及带孔工件不留边缘，可以把主刀刃略微磨得斜一些。硬质合金切断刀切断时，切屑容易堵塞在槽内，产生很大的切削热。为了使切削顺利，防止刀片脱焊，必须加注充分的切削液。当刀头磨损后，发热脱焊现象会更严重，因此必须注意及时修磨刀刃。

2. 切断和切槽的方法

(1) 切断的方法：切断毛坯时，最好用外圆车刀把工件先车圆或尽量减小走刀量，以免造成"扎刀"现象而损坏车刀。手动进刀切断时,摇动手柄应连续、均匀,以避免由于切断刀与工件表面摩擦,而使工件表面产生冷硬现象而迅速磨损刀具。不得不中途停车时,应先把车刀退出再停车。用卡盘装夹工件切断时,切断位置离卡盘应尽可能近,否则容易引起振动或使工件抬起而压断切断刀。工件采用一夹一顶装夹时,不应在装夹状态完全断开,而应卸下工件后再切断。切断较小的工件时,要用盆具接住,以免切断后的工件混在切屑中或飞出找不到。

(2)切槽的方法:车削宽度不大的沟槽,可以用刀头宽度等于槽宽的车刀横向一次进给车出。对于较宽的沟槽可以用几次进刀来完成。车第一刀时,先用钢尺量好距离。车完一条槽后,把车刀退出工件向左移动继续车削,把槽的大部分余量车去,但必须在槽的两侧和底部留出精车余量。最后根据槽的宽度和槽的位置进行精车。

7.5.4 车螺纹

在工件表面车成螺纹的方法称为车螺纹。螺纹的种类很多,应用很广。常用螺纹按用途可分为连接螺纹和传动螺纹两类,前者起连接作用,后者起传递运动和动力的作用。

1. 螺纹车刀的几何角度

如图7-19所示,车三角形普通螺纹时,车刀的刀尖角等于螺纹牙型角$\alpha=60°$;车三角形管螺纹时,车刀的刀尖角$\alpha=55°$,并且其前角$\gamma_0=0°$才能保证工件螺纹的牙型角,否则牙型角将产生误差。在粗加工时或螺纹精度要求不高时,其前角$\gamma_0=5°\sim20°$。

2. 螺纹车刀的安装

如图7-20所示,刀尖对准工件的中心,并用样板对刀,以保证刀尖角的角平分线与工件的轴线相垂直,这样车出的牙型角才不会偏斜。

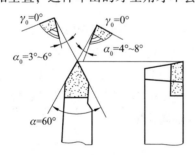

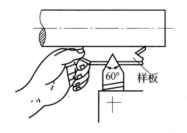

图7-19 螺纹车刀的几何角度　　　　图7-20 用样板对刀

3. 车床的调整

车螺纹时,必须满足的运动关系是:工件每转过一转,车刀必须准确地移动工件的一个螺距或导程,其传动路线如图7-21所示。上述传动关系可通过调整车床来实现:首先通过手柄把丝杠接通,再根据工件的螺距或导程,按进给箱标牌上所示的手柄位置来交换变换齿轮的齿数,这样就完成了车床的调整。车右螺纹时,变向手柄调整在车右螺纹的位置上;车左螺纹时,变向手柄调整在车左螺纹的位置上。这种操作的目的是改变刀具的移动方向,即刀具移向床头时为车右螺纹,移向床尾时为车左螺纹。

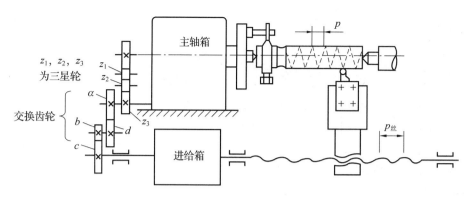

图 7-21 车螺纹时的传动路线

4. 车螺纹的方法与步骤

以车削外螺纹为例来说明车螺纹的方法与步骤，如图 7-22 所示。这种方法称为正反车法，适于加工各种螺纹。

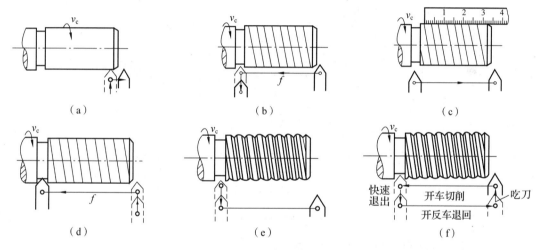

图 7-22 车螺纹的方法与步骤

（a）开车，使车刀与工件轻微接触，记下度盘读数，向右退出车刀；（b）合上开合螺母，在工件表面上车出一条螺旋线，横向退出车刀；（c）开反车把车刀退到工件右端，车出一条螺旋线，横向退出车刀；（d）利用度盘调整背吃刀量，进行切削；（e）车刀将至行程终了时，应做好退刀停车准备，先快速退出车刀，然后开反车退回刀架；（f）再次横向吃刀，继续切削

另一种加工螺纹的方法是抬闸法，也就是利用开合螺母手柄的抬起或压下来车削螺纹。这种方法操作简单，但易乱扣，只适合加工机床丝杠螺距是工件螺距整数倍的螺纹。这种方法与正反车法的主要不同之处是车刀行至终点时，横向退刀后不用开反车纵向退刀，只要抬起开合螺母手柄使丝杠与螺母脱开，然后手动纵向退回，即可再次车削。

车内螺纹的方法与车外螺纹基本相同，只是横向进给手柄的进退刀转向不同而已。对于直径较小的内、外螺纹可用丝锥或板牙攻出。

7.6 典型综合件车削实例

综合件车削是学生对某一工件的独立实际操作。通过综合件车削的练习，可以检验并提高学生的实际动手能力。选择的实习件应结合各高校的实际，尽量选择生产中的产品为实习件。在没有合适的产品情况下，也可用下面的实习件供学生进行综合练习，并以此作为评定学生车工实习操作考核成绩的主要依据。

1. 实习工件

工件名称：套。材料为 HT150，单件生产，如图 7-23 所示。

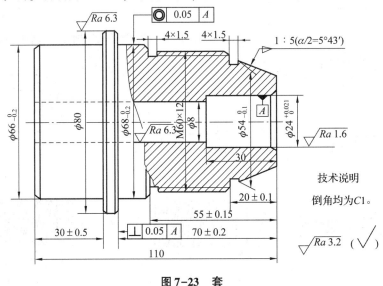

图 7-23　套

2. 分析零件主要尺寸公差和技术要求

（1）$\phi 24_{\ 0}^{+0.021}$ 孔的尺寸公差很小，公差等级为 IT7 级，但表面粗糙度要求并不高，Ra 值为 1.6 μm。

（2）$\phi 68_{-0.2}^{\ 0}$ 外圆表面对 $\phi 24_{\ 0}^{+0.021}$ 内孔表面的同轴度为 0.05 mm。

（3）$\phi 68_{-0.2}^{\ 0}$ 对 $\phi 80$ 右端面的垂直度为 0.05 mm。

3. 保证尺寸公差及形位公差的工艺措施

（1）$\phi 24_{\ 0}^{+0.021}$ 孔表面用精车即能满足尺寸公差和表面粗糙度的要求，但测量时必须用内径百分表测量。

（2）选择 $\phi 66_{-0.2}^{\ 0}$ 外圆表面为定位基准面，在一次装夹中加工 $\phi 80$ 右端面、$\phi 68_{-0.2}^{\ 0}$ 外圆及 $\phi 24_{\ 0}^{+0.021}$ 内孔，即可保证它们之间的垂直度和同轴度要求。

4. 分析车削顺序，制订车削步骤

综合件车削步骤如表 7-1 所示。

表 7-1 综合件车削步骤

序号	加工简图	加工内容	刀具、量具
1		车端面，用自定心卡盘装夹，伸出长度≥50 mm，端面车平即可	45°弯头车刀，钢直尺
2		车外圆 ϕ80 mm，长度 45 mm	45°弯头车刀，游标卡尺，钢直尺
3		车台阶面，外圆 $\phi 66_{-0.2}^{0}$ mm，长度（30±0.5）mm	90°偏刀，游标卡尺
4		倒角 2 处 $C1$	45°弯头车刀
5		车端面，掉头装夹 $\phi 66_{-0.2}^{0}$ mm，保证长度 80 mm	45°弯头车刀，卡尺
6		车台阶面，外圆 $\phi 68_{-0.2}^{0}$ mm，长度（70±0.2）mm	90°偏刀，游标卡尺
7		车台阶面，外圆 $\phi 60_{-0.15}^{0}$ mm，长度（55±0.015）mm	90°偏刀，游标卡尺

续表

序号	加工简图	加工内容	刀具、量具
8		车台阶面，外圆 $\phi54_{-0.1}^{0}$ mm，长度（20±0.1）mm	90°偏刀，游标卡尺
9		倒角三处 C1	45°弯头车刀
10		切槽两处 4 mm×1.5 mm	切槽刀，卡尺
11		钻中心孔 ϕ3.5 mm	中心钻
12		钻通孔 ϕ18 mm	麻花钻头
13		车内圆，内径 $\phi24_{0}^{+0.021}$ mm，孔深 30 mm	不通孔内圆车刀，内径百分表，游标卡尺
14		车内圆倒角 C1	45°弯头内孔车刀

续表

序号	加工简图	加工内容	刀具、量具
15		车锥面，锥度1:5，大端直径 $\phi 54_{-0.1}^{0}$ mm	45°弯头车刀，游标卡尺，量角器
16		车螺纹 M60×2	螺纹车刀，钢直尺，螺纹千分卡尺，螺距规
17		调头，倒内角 C1	45°弯头内孔车刀

思考与练习

1. 车床上能加工哪些表面？各用什么刀具？
2. 车床的各组成部分及用途有哪些？
3. 车床上各种附件的适用场合和使用方法是什么？
4. 切断时应注意的问题有哪些？

第 8 章 铣削、磨削及刨削加工

8.1 铣削加工

在铣床上用旋转的铣刀切削工件上各种表面或沟槽的方法称为铣削,铣削是金属切削加工中常用的方法之一。

8.1.1 铣削运动与铣削用量

铣削运动有主运动和进给运动,铣削用量有切削速度、进给量、背吃刀量和侧吃刀量,如图 8-1 所示。

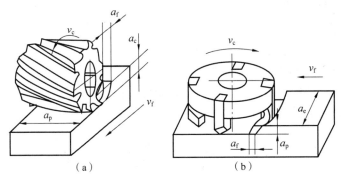

图 8-1 铣削运动及铣削用量
(a) 圆周铣削;(b) 端面铣削

1. 主运动及切削速度

铣刀的旋转运动是主运动,其切削刃上选定点相对于工件主运动的瞬时速度称为切削速度,可用下式计算

$$v_c = \frac{\pi D n}{1\,000} = \frac{\pi D n}{1\,000 \times 60}$$

式中:D——铣刀直径,mm;
n——铣刀转速,r/min。

2. 进给运动及进给量

工件的移动是进给运动。铣削进给量有下列 3 种表达方法：

（1）进给速度 v_f 是每分钟内铣刀相对于工件的进给运动的瞬时速度，单位为 mm/min，也称每分钟进给量。

（2）每转进给量 f 是指铣刀每转过一转时，铣刀在进给运动方向上相对于工件的位移量，单位为 mm/r。

（3）每齿进给量 f_z 是指铣刀每转过一个齿时，铣刀在进给运动方向上相对于工件的位移量，单位为 mm/z。

3 种进给量之间的关系如下

$$v_f = fn = f_z zn$$

式中：n——铣刀转速，r/min；
z——铣刀齿数。

3. 背吃刀量

背吃刀量 a_p 是指在通过切削刃基点并垂直于工作表面的方向上测量的吃刀量，单位为 mm。

4. 侧吃刀量

侧吃刀量 a_e 是指在平行于工作平面并垂直于切削刃基点的进给运动方向上测量的吃刀量，单位为 mm。

5. 铣削特点及加工范围

铣削时，由于铣刀是旋转的多齿刀具，刀具轮换切削，因而刀具的散热条件好，可以提高切削速度。此外，由于铣刀的主运动是旋转运动，故可提高铣削用量和生产率。但由于铣刀刀齿的不断切入和切出，切削力不断地变化，因此易产生冲击和振动。

铣削主要用于加工平面，如水平面、垂直面、台阶面及各种沟槽表面和成型面等，也可以利用万能分度头进行分度件的铣削加工，还可以对工件上的孔进行钻削或镗削加工。常见的铣削加工如图 8-2 所示。铣削加工的工件尺寸公差等级一般为 IT9～IT7 级，表面粗糙度值 Ra 值为 6.3～1.6 μm。

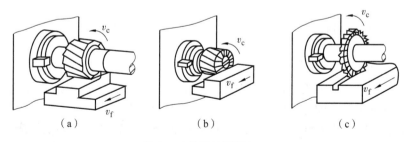

图 8-2 常见的铣削加工
(a) 圆柱形铣刀铣平面；(b) 套式面铣刀铣台阶面；(c) 三面刃铣刀铣直角槽

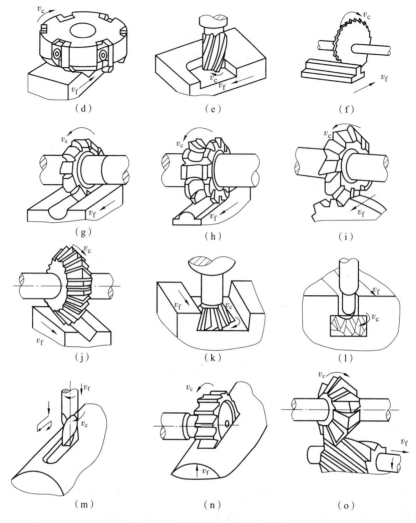

图 8-2　常见的铣削加工（续）

　　（d）端铣刀铣平面；（e）立铣刀铣凹平面；（f）锯片铣刀切断；（g）凸半圆铣刀铣凹圆弧面；（h）凹半圆铣刀铣凸圆弧面；（i）齿轮铣刀铣齿轮；（j）角度铣刀铣V形槽；（k）燕尾槽铣刀铣燕尾槽；（l）T形铣刀铣T形槽；（m）铣槽铣刀铣键槽；（n）半圆键槽铣刀铣半圆键槽；（o）角度铣刀铣螺旋槽

8.1.2　铣床及附件

1. 铣床的种类和型号

铣床的种类很多，最常用的是卧式升降台铣床和立式升降台铣床，此外还有龙门铣床、工具铣床、键槽铣床等各种专用铣床，以及各种类型的数控铣床。

铣床的型号和其他机床型号一样，按照GB/T 15375—2008《金属切削机床　型号编制方法》的规定表示。例如，X6132 的含义为：X——分类代号，铣床类机床；61——组系代号，万能升降台铣床；32——主参数，工作台宽度（mm）的1/10，即工作台宽度为320 mm。

2. X6132 型万能升降台铣床

X6132 型万能升降台铣床是铣床中应用最广的一种，如图 8-3 所示。万能升降台铣床的主轴轴线与工作台平面平行且呈水平方向放置,其工作台可沿纵、横、垂直3个方向移动并可在水平平面内回转一定的角度,以适应不同工件铣削的需要。

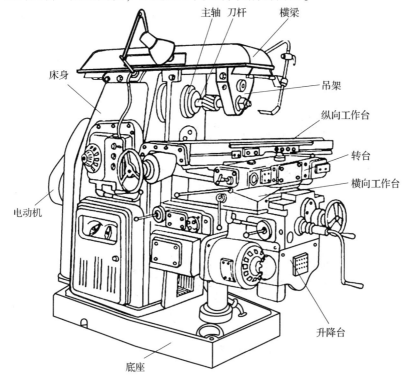

图 8-3　X6132 型万能升降台铣床

主要组成部分及作用如下。

（1）床身用来固定和支承铣床上所有的部件,电动机、主轴变速机构、主轴等安装在其内部。

（2）横梁上面装有吊架用以支承刀杆外伸,以增加刀杆的刚性。横梁可沿床身的水平导轨移动,以调整其伸出的长度。

（3）主轴是空心轴,前端有 7∶24 的精密锥孔,用以安装铣刀刀杆并带动铣刀旋转。

（4）纵向工作台上面有 T 形槽用以装夹工件或夹具,其下面通过螺母与丝杠螺纹连接,可在转台的导轨上纵向移动,其侧面有固定挡铁,以控制机床的机动纵向进给。

（5）转台上面有水平导轨,供工作台纵向移动,其下面与横向工作台用螺栓连接,如松开螺栓可使纵向工作台在水平平面内旋转一个角度（最大为±45°）,使工件获得斜向移动。

（6）横向工作台位于升降台上面的水平导轨上,可带动纵向工作台做横向移动,用以调整工件与铣刀之间的横向位置或获得横向进给。

（7）升降台可使整个工作台沿床身的垂直导轨上下移动,用以调整工作台面到铣刀的距离,还可做垂直进给。

3. 立式升降台铣床

立式升降台铣床如图 8-4 所示,它与卧式升降台铣床的主要区别是:立式升降台铣床主轴与工作台台面相垂直。立式升降台铣床的头架还可以在垂直面内旋转一定的角度,以便铣削斜面。立式升降台铣床主要用于使用端铣刀加工平面,另外也可以加工键槽、T 形槽、燕尾槽等。

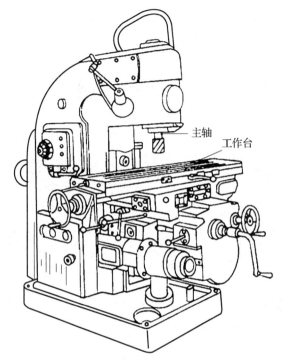

图 8-4　立式升降台铣床

4. 铣床主要附件

铣床主要附件有机用台虎钳、圆形工作台、万能立铣头、铣刀杆和万能分度头等。

机用台虎钳是一种通用夹具，使用时应先校正其在工作台上的位置，然后再夹紧工件。校正方法有 3 种：用百分表校正（见图 8-5a）；用 45°角尺校正；用划线针校正（见图 8-5b）。校正的目的是保证固定钳口与工作台面的垂直度、平行度。校正后利用螺栓与工作台 T 形槽连接，将机用台虎钳装夹在工作台上。

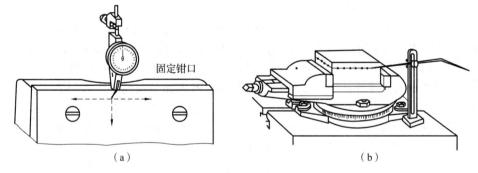

图 8-5　机用台虎钳校正方法
(a) 用百分表校正；(b) 用划线针校正

圆形工作台即回转工作台，如图 8-6（a）所示。它的内部有一副蜗轮蜗杆，手轮与蜗杆同轴连接，转台与蜗轮连接。转动手轮，通过蜗轮蜗杆的传动使转台转动。转台周围有刻度用来观察和确定转台位置，手轮上的度盘也可读出转台的准确位置。回转工作台上铣圆弧槽的情况如图 8-6（b）所示，即利用螺栓压板把工件夹紧在转台上，铣刀旋转后，摇动手轮使转台带动工件进行圆周进给，铣削圆弧槽。

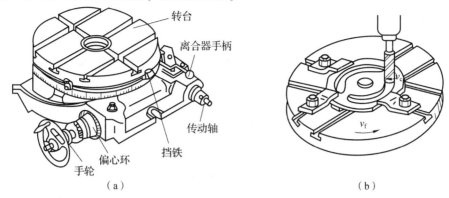

图 8-6　回转工作台
（a）圆形工作台；（b）铣圆弧槽

在卧式铣床上装有万能立铣头，根据铣削的需要，可把立铣头主轴扳成任意角度，如图 8-7 所示。其底座用螺钉固定在铣床的垂直导轨上，由于铣床主轴的运动是通过立铣头内部的两对锥齿轮传到立铣头主轴上，且立铣头的壳体可绕铣床主轴轴线偏转任意角度，因此，立铣头主轴能在空间偏转成所需要的任意角度。

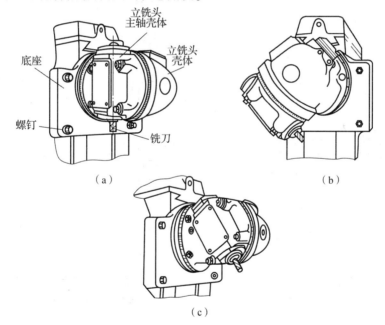

图 8-7　万能立铣头
（a）立铣头外形；（b）绕主轴轴线偏转角度；（c）绕立铣头壳体偏转角度

8.1.3　铣刀

1．铣刀的种类和用途

铣刀的种类很多，按材料不同，铣刀分为高速钢铣刀和硬质合金铣刀两大类；按刀齿和刀体是否一体又分为整体式铣刀和镶齿式铣刀两类；按安装方法不同分为带孔铣刀和带柄铣刀两类。另外，按铣刀的用途和形状又可分为圆柱铣刀、端铣刀、立铣刀、键槽铣刀、T 形槽铣刀、三面刃铣刀、锯片铣刀、角度铣刀和成型铣刀等。

2. 铣刀的安装

(1) 带孔铣刀的安装：带孔铣刀的圆柱形铣刀或三面刃等盘形铣刀常用长刀杆安装，如图 8-8 所示。带孔铣刀中的端铣刀常用短刀杆安装，如图 8-9 所示。

(2) 带柄铣刀的安装：如图 8-10 所示，安装锥柄铣刀时，要根据铣刀锥柄的大小选择相应的变锥套，将各个配合表面擦净，然后用拉杆把铣刀及变锥套一起拉紧在主轴上；安装直柄铣刀时，要用弹簧夹头，即铣刀的直柄要插入弹簧套内，然后旋紧螺母以压紧弹簧套的断面，弹簧套的外锥面受压使孔径缩小，夹紧直柄铣刀。

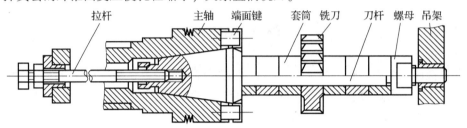

图 8-8　圆盘铣刀的安装

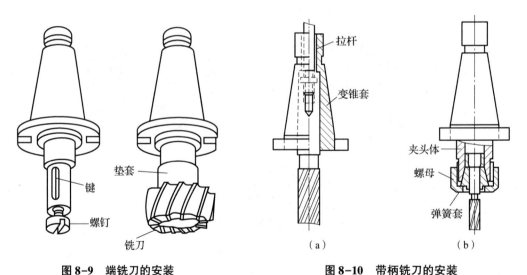

图 8-9　端铣刀的安装

图 8-10　带柄铣刀的安装
(a) 锥柄铣刀的安装；(b) 直柄铣刀的安装

8.1.4　铣平面、斜面、台阶面

1. 铣平面

铣平面是在卧式升降台铣床上，用圆柱铣刀的周边齿刀刃对平面进行铣削加工。铣平面分为顺铣和逆铣，如图 8-11 所示。顺铣时，刀齿切下的切屑由厚逐渐变薄，易切入工件。一方面，由于铣刀对工件的垂直分力 F_V 向下压紧工件，所以切削时不易产生振动，铣削平

稳；另一方面，由于铣刀对工件的水平分力 F_H 与工作台的进给方向一致且工作台丝杠与螺母之间有间隙，因此在水平分力的作用下，工作台会消除间隙而突然窜动，使工作台出现爬行或产生啃刀现象，引起刀杆弯曲、刀头折断。逆铣时，刀齿切下的切屑是由薄逐渐变厚的。由于刀齿的切削刃具有一定的圆角半径，刀齿接触工件后要滑移一段距离才能切入，因此刀具与工件摩擦严重，致使切削温度升高，工件已加工表面粗糙度值增大。另外，铣刀对工件的垂直分力是向上的，工件有抬起趋势，易产生振动而影响表面粗糙度。铣刀对工件的水平分力与工作台的进给方向相反，在水平分力的作用下，工作台丝杠与螺母总是保持紧密接触而不松动，故丝杠与螺母的间隙对铣削没有影响。

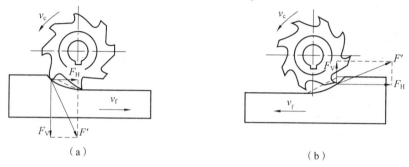

图 8-11　顺铣与逆铣
（a）顺铣；（b）逆铣

综上所述，从提高刀具耐用度和工件表面质量以及增加工件夹持的稳定性等观点出发，一般以采用顺铣法为宜。但需要注意的是，铣床必须具备丝杠与螺母的间隙调整机构，且间隙调整为 0 时才能采用顺铣。目前，除万能升降台铣床外，尚没有消除丝杠与螺母之间间隙的机构，所以，在生产中仍多采用逆铣法。另外，当铣削带有黑皮的工件表面时，如对铸件或锻件表面进行粗加工，若用顺铣法，刀齿首先接触黑皮，将会加剧刀齿的磨损，所以应采用逆铣法。

用圆柱铣刀铣削平面的步骤如下。

（1）铣刀的选择与安装。由于螺旋齿铣刀铣平面时，排屑顺利，铣削平稳，所以常用螺旋齿圆柱铣刀铣平面。在工件表面粗糙度 Ra 值较小且加工余量不大时，选用细齿铣刀；表面粗糙度 Ra 值较大且加工余量较大时，选用粗齿铣刀。铣刀的宽度要大于工件加工表面的宽度，以保证一次进给就可铣完待加工表面。另外，应尽量选用小直径铣刀，以免产生振动而影响表面加工质量。

（2）切削用量的选择。选择切削用量时，要根据工件材料、加工余量、工件宽度及表面粗糙度要求来综合选择合理的切削用量。一般来说，铣削应采用粗铣和精铣两次铣削的方法来完成工件的加工。由于粗铣时加工余量大，故选择每齿进给量；而精铣时加工余量较小，常选择每转进给量。不管是粗铣还是精铣，均应按每分钟进给速度来调整铣床。粗铣：侧吃刀量 $a_e = 2 \sim 8$ mm，每齿进给量 $f_z = 0.03 \sim 0.16$ mm/z，铣削速度 $v_c = 15 \sim 40$ m/min。根据毛坯的加工余量，选择的顺序是：先选取较大的侧吃刀量 a_e，再选择较大的进给量 f_z，最后选取合适的铣削速度 v_c。精铣：铣削速度 $v_c \geq 50$ m/min 或 $v_c \leq 10$ m/min，进给量 $f = 0.1 \sim 1.5$ mm/r，侧吃刀量 $a_e = 0.2 \sim 1$ mm。选择的顺序是：先选取较低或较高的铣削速度，再选择较小的进给量，最后根据工件图样尺寸确定侧吃刀量。

（3）工件的装夹方法。根据工件的形状、加工平面的部位以及尺寸公差和形位公差的要求，选择合适的装夹方法。一般用机用台虎钳或螺栓压板装夹工件。用机用台虎钳装夹工件时，要校正机用台虎钳的固定钳口并校正工件，还要根据选定的铣削方式调整好铣刀与工件的相对位置。

（4）操作方法。根据选取的铣削速度调整铣床主轴的转速，根据选取的进给量调整铣床的每分钟进给量。侧吃刀量的调整要在铣刀旋转后进行，即先使铣刀轻微接触工件表面，记住此时升降手柄的刻度值，再将铣刀退离工件，转动升降手柄升高工作台并调整好侧吃刀量，最后固定升降和横向进给手柄，即可试铣削。

2. 铣斜面

工件上的斜面常用下面几种方法进行铣削。在工件的基准面下面垫一块斜垫铁，则铣出的工件平面就会与基准面倾斜一定角度，如改变斜垫铁的角度，即可加工出不同角度的工件斜面，如图8-12所示。用万能分度头将工件转到所需位置，即可铣出斜面，如图8-13所示。由于万能立铣头能方便地改变刀轴的空间位置，因此可通过转动立铣头，使刀具相对工件倾斜一个角度铣削出斜面，如图8-14所示。

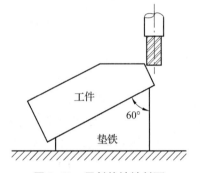

图8-12 用斜垫铁铣斜面

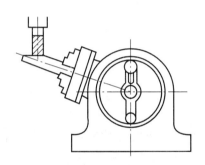

图8-13 用万能分度头铣斜面

3. 铣台阶面

在铣床上，可用三面刃盘铣刀或立铣刀铣台阶面。在成批生产中，大都采用组合铣刀同时铣削几个台阶面，如图8-15所示。

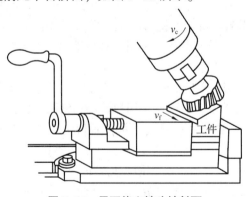

图8-14 用万能立铣头铣斜面

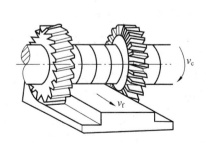

图8-15 铣台阶面

8.1.5 铣沟槽

轴上的键槽有开口式和封闭式两种。铣键槽时,工件的装夹方法很多,一般用机用台虎钳或专用抱钳、V 形架、分度头等装夹工件。不论哪一种装夹方法,都必须使工件的轴线与工作台的进给方向一致,并与工作台台面平行。

1. 铣开口式键槽

铣开口式键槽:如图 8-16 所示,使用三面刃铣刀铣削。由于铣刀的振摆会使槽宽扩大,所以铣刀的宽度应稍小于键槽宽度。对于宽度要求较严的键槽,可先进行试铣,以确定铣刀合适的宽度。铣刀和工件安装好后,要仔细对刀,使工件的轴线与铣刀的中心平面对准,以保证所铣键槽的对称性。随后进行铣削槽深的调整,调好后才可加工。当键槽较深时,需分多次走刀进行铣削。

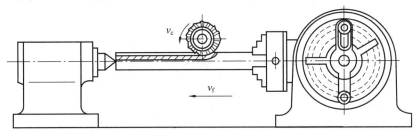

图 8-16 铣开口式键槽

2. 铣封闭式键槽

铣封闭式键槽:如图 8-17 所示,通常使用键槽铣刀,也可用立铣刀铣削。用键槽铣刀铣封闭式键槽时,可用抱钳装夹工件,也可用 V 形架装夹工件。铣削封闭式键槽的长度是由工作台纵向进给手柄上的刻度来控制的,宽度则由铣刀的直径来控制。铣削封闭式键槽的过程是先将工件垂直进给,采用一定的吃刀量将工件纵向进给切至键槽的全长,再垂直进给吃刀,最后反向纵向进给,经多次反复直到完成键槽的加工。

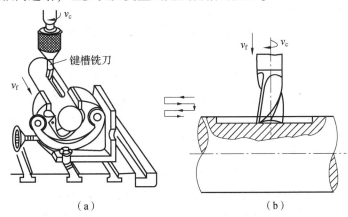

(a) (b)

图 8-17 铣封闭式键槽
(a) 抱钳装夹;(b) 铣削过程

8.2 磨削加工

用磨具以较高线速度对工件表面进行加工的方法称为磨削加工,它是对机械零件进行精加工的主要方法之一。

8.2.1 磨削概述

1. 磨削运动与磨削用量

1) 主运动及磨削速度

砂轮的旋转运动是主运动,砂轮外圆相对于工件的瞬时速度称为磨削速度,可用下式计算

$$v_c = \frac{\pi d n}{1\,000 \times 60}$$

式中:d——砂轮直径,mm;

n——砂轮转速,r/min。

2) 圆周进给运动及进给速度

工件的旋转运动是圆周进给运动,工件外圆相对于砂轮的瞬时速度称为圆周进给速度,可用下式计算

$$v_w = \frac{\pi d_w n_w}{1\,000 \times 60}$$

式中:d_w——砂轮直径,mm;

n_w——砂轮转速,r/min。

3) 纵向进给运动及纵向进给量

工作台带动工件所做的直线往复运动是纵向进给运动,工件每转一转时砂轮在纵向进给运动方向上相对于工件的位移称为纵向进给量,用 $f_纵$ 表示,单位为 mm/r。

4) 横向进给运动及横向进给量

砂轮沿工件径向上的位移量是横向进给运动,工作台每往复形成(或单行程)一次砂轮相对工件径向上的移动距离称为横向进给量,用 $f_横$ 表示,单位为 mm/行程。横向进给量实际上是砂轮每次切入工件的深度(即背吃刀量),也可用 a_p 表示,单位为 mm。

2. 磨削特点及加工范围

(1) 加工精度高、表面粗糙度值小。磨削时,砂轮表面上有极多的磨粒参与磨削,每个磨粒相当于一个刃口半径很小且锋利的切削刃,能切下一层很薄的金属。磨床的磨削速度很高,一般 $v_c = 30 \sim 50$ m/s,磨床的背吃刀量很小,一般 $a_p = 0.01 \sim 0.005$ mm。经磨削加工的工件其尺寸公差等级可达 IT7 ~ IT5 级,表面粗糙度 Ra 值为 0.8 ~ 0.2 μm。

(2) 可加工高硬度工件,由于磨粒的硬度很高,磨削不但可以加工钢和铸铁等常用金属材料,还可以加工硬度更高的工件,特别是经过热处理后的淬火钢工件。但是,磨削不适

合加工硬度很低、塑性很好的有色金属材料,因为磨削这些材料时,砂轮容易被堵塞,使砂轮失去切削的能力。

(3) 由于磨削速度很高,其速度是一般切削加工速度的 10~20 倍,所以加工中会产生大量的切削热。在砂轮与工件的接触处,瞬时温度可高达 1 000 ℃,同时大量的切削热会使磨屑在空气中产生氧化作用,产生火花。高的磨削温度会烧伤工件的表面,使工件硬度下降,严重时还会产生微裂纹,使工件的表面质量降低,使用寿命缩短。因此,为了减少摩擦和改善散热条件,降低切削温度,保证工件表面质量,在磨削时必须使用大量的切削液。加工钢时,使用苏打水或乳化液作为切削液;加工铸铁等脆性材料时,为防止产生裂纹一般不加切削液,而是采用吸尘器除尘,同时也可起到一定的散热作用。

(4) 磨削主要用于零件的内外圆柱面、内外圆锥面、平面及成型面(如花键、螺纹、齿轮等)的精加工,以获得较高的尺寸精度和较小的表面粗糙度值。常见的磨削加工类型如图 8-18 所示。

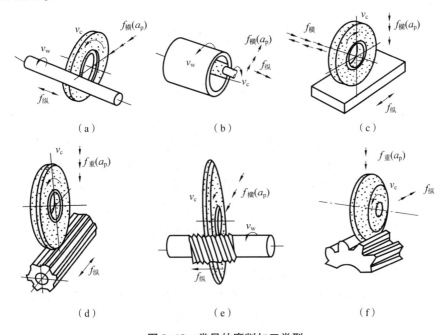

图 8-18 常见的磨削加工类型

(a) 磨外圆;(b) 磨内圆;(c) 磨平面;(d) 磨花键;(e) 磨螺纹;(f) 磨齿轮齿形

8.2.2 磨床

磨床的种类很多,有外圆磨床、内圆磨床、平面磨床、齿轮磨床、螺纹磨床、导轨磨床、无心磨床、工具磨床等,其中最常用的是外圆磨床和平面磨床。

1. 外圆磨床

外圆磨床又分为普通外圆磨床和万能外圆磨床。普通外圆磨床可以磨削外圆柱面、端面及外圆锥面,万能外圆磨床还可以磨削内圆柱面、内圆锥面。下面以 M1432A 型万能外圆磨床为例进行介绍。

(1) 外圆磨床的型号。根据 GB/T 15375—2008 规定：M——磨床类机床；14——万能外圆磨床；32——最大磨削直径（mm）的 1/10，即最大磨削直径为 320 mm；A——第一次重大改进。

(2) 外圆磨床的组成部分及作用。外圆磨床主要由床身、工作台、头架、尾座、砂轮架、内圆磨头及砂轮等部分组成，如图 8-19 所示。

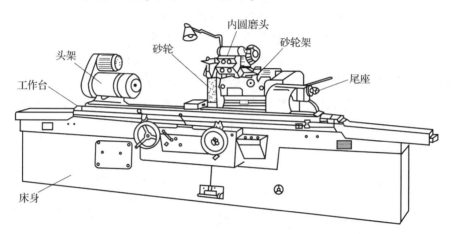

图 8-19　M1432A 型万能外圆磨床

万能外圆磨床的头架内装有主轴，可用顶尖或卡盘夹持工件并带动其旋转。万能外圆磨床的头架上面装有电动机，动力经头架左侧的带传动使主轴转动，改变 V 带的连接位置，可使主轴获得 6 种不同的转速。砂轮装在砂轮架的主轴上，由单独的电动机经 V 带直接带动旋转。砂轮架可沿床身后部的横向导轨前后移动，其移动的方法有自动周期进给、快速引进或退出、手动 3 种，其中前两种是靠液压传动来实现的。工作台有两层，下工作台可在床身导轨上做纵向往复运动，上工作台相对下工作台在水平面内能偏转一定的角度以便磨削圆锥面。另外，工作台上还装有头架和尾座。

万能外圆磨床与普通外圆磨床的主要区别是：万能外圆磨床的头架和砂轮架下面都装有转盘，该转盘能绕垂直轴线偏转较大的角度，另外还增加了内圆磨头等附件，因此万能外圆磨床可以磨削内圆柱面和锥度较大的内外圆锥面。由于磨床的液压传动具有无级变速、传动平稳、操作简便、安全可靠等优点，所以在磨削过程中，如果因操作失误使磨削力突然增大时，液压传动的压力也会突然增大，当超过安全阀调定的压力时，安全阀会自动开启使油泵卸载，油泵排出的油经过安全阀直接流回油箱，这时工作台便会自动停止运动。

2. 平面磨床

平面磨床分为立轴式和卧轴式两类：立轴式平面磨床用砂轮的端面进行磨削平面，卧轴式平面磨床用砂轮的圆周面进行磨削平面。M7120A 型平面磨床如图 8-20 所示。

(1) 平面磨床的型号。根据 GB/T 15375—2008 规定：M——磨床类机床；71——卧轴矩台式平面磨床；20——工作台面宽度（mm）的 1/10，即工作台面宽度为 200 mm；A——第一次重大改进。

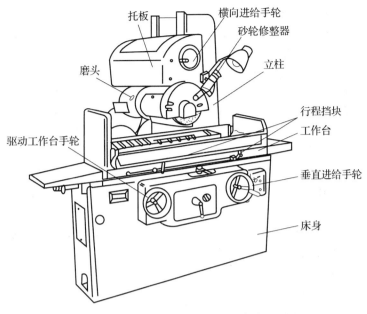

图 8-20　M7120A 型平面磨床

（2）平面磨床的组成部分及作用。M7120A 型平面磨床主要由床身、工作台、磨头、立柱、砂轮修整器等部分组成。该磨床的矩形工作台装在床身的水平纵向导轨上，由液压传动实现其往复运动，也可用手轮操纵以便进行必要的调整。另外，工作台上还装有电磁吸盘，用来装夹工件。砂轮在磨头上，由电动机直接驱动旋转。磨头沿滑板的水平导轨可做横向进给运动，该运动可由液压驱动或由手轮操纵。拖板可沿立柱的垂直导轨移动，以调整磨头的高低位置及完成垂直进给运动，这一运动通过转动手轮来实现。

8.2.3　砂轮

1. 砂轮的特性

砂轮的特性对工件的加工精度、表面粗糙度和生产率影响很大。砂轮的特性包括磨料、粒度、结合剂、硬度、组织、形状和尺寸等方面。

（1）磨料是砂轮的主要原料，直接担负着切削工作。磨削时，磨料在高温条件下要经受剧烈的摩擦和挤压，所以磨料应具有很高的硬度、耐热性及一定的韧性。常用的磨料有两类：刚玉类和碳化物类。刚玉类主要成分是 Al_2O_3，韧性好，适用于磨削钢等塑性材料。其代号有：A——棕刚玉，WA——白刚玉等。碳化物类硬度比刚玉类高，磨粒锋利，导热性好，适用于磨削铸铁及硬制合金刀具等脆性材料。其代号有：C——黑碳化硅，GC——绿碳化硅等。

（2）粒度是指磨料颗粒的大小。粒度号以其所通过的筛网上每 25.4 mm 长度上的孔眼数表示，例如：70#粒度的磨粒是用每 25.4 mm 长度内有 70 个孔眼的筛网筛出的。粒度号数字越大，表示颗粒越小。当磨粒颗粒小于 63 μm 时称为微粉，其粒度号则以颗粒的实际尺寸表示。粗磨时，选择较粗的磨粒（30#～60#），可以提高生产率；精磨时，选择较细的磨粒（60#～120#），可以减小表面粗糙度值。

（3）结合剂。砂轮中，将磨粒黏结成具有一定强度和形状的物质称为结合剂。砂轮的强度、抗冲击性、耐热性及耐蚀性，主要取决于结合剂的性能。常用的结合剂有陶瓷结合剂、树脂结合剂和橡胶结合剂。

（4）硬度。砂轮的硬度和磨料的硬度是两个不同的概念。砂轮的硬度是指砂轮表面的磨粒在外力作用下脱落的难易程度：容易脱落称为软，反之称为硬。GB/T 2484—2018《固结磨具　一般要求》将砂轮硬度用拉丁字母表示；G、H、J、K、L、M、N、P、Q、R、S、T……其硬度按顺序递增。磨削硬材料时，砂轮的硬度应低些，反之应高些。在成型磨削和精密磨削时，砂轮的硬度应更高些，一般磨削选用砂轮的硬度应在 K～R。

（5）组织。砂轮的组织是指砂轮中磨料、结合剂、气孔三者体积的比例关系。砂轮的组织号数是以磨料所占百分比来确定，即磨料所占的体积越大，砂轮的组织越紧密。砂轮组织号由 0、1、2、…、14 共 15 个号组成，号数越小，组织越紧密。组织号在 4～7 间的砂轮应用最广，可用于磨削淬火工件及切削工具。0～3 号用于成型磨削，而 8～14 号用于磨削韧性大而硬度低的材料。

（6）形状和尺寸。根据机床类型和磨削加工的需要，砂轮可制成各种标准形状和尺寸，常用的几种砂轮的形状有平形砂轮、双斜边砂轮、筒形砂轮、杯形砂轮、碗形砂轮、碟形砂轮、薄片砂轮等。

2. 砂轮的检查、安装、平衡和修整

因砂轮在高速运转情况下工作，所以安装前要通过外观检查和敲击的响声来检查砂轮是否有裂纹，以防止高速旋转时砂轮破裂。安装砂轮时，应将砂轮松紧适地套在砂轮主轴上，并在砂轮和法兰之间垫以 1～2 mm 厚的弹性垫圈（皮革或耐油橡胶制成），如图 8-21 所示。

为使砂轮平稳地工作，一般直径大于 125 mm 的砂轮都要进行平衡。平衡时将砂轮装在心轴上，再放在平衡架导轨上。如果不平衡，较重的部分总是转在下面，这时可移动法兰端面环形槽内的平衡块进行平衡，直到砂轮在导轨上的任意位置都能静止。如果砂轮在导轨上的任意位置都能静止，则表明砂轮各部分质量均匀，平衡良好。这种方法称为静平衡，如图 8-22 所示。

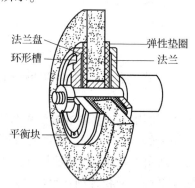

图 8-21　砂轮的安装

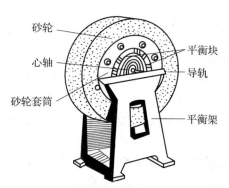

图 8-22　砂轮的平衡

砂轮工作一定时间后，其磨粒逐渐变钝，砂轮表面空隙堵塞，砂轮几何形状磨损严重。这时，需要对砂轮进行修整，使已磨钝的磨粒脱落，恢复砂轮的磨削能力和外形精度。砂轮常用金刚石笔进行修整，如图 8-23 所示。修整时要用大量的切削液，以避免金刚石笔因温度剧升而破裂。

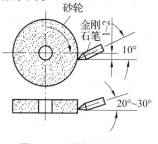

图 8-23　砂轮的修整

8.2.4 磨平面

1. 工件的装夹方法

在平面磨床上，采用电磁吸盘工作台吸住工件。电磁吸盘工作台的工作原理如图 8-24 所示。当线圈中通过直流电时，铁芯被磁化，磁力线由铁芯经过盖板—工件—盖板—吸盘体而闭合，工件被吸住。电磁吸盘工作台的绝磁层由铅、铜或巴氏合金等非磁性材料制成，它的作用是使大部分磁力线都通过工件再回到吸盘体，以保证工件被牢固地吸在工作台上。

当磨削键、垫圈、薄壁套等小尺寸的零件时，由于工件与工作台接触面积小，吸力弱，容易被磨削力弹出造成事故，所以装夹这类工件时，需在工件四周或左右两端用挡铁围住，以防工件移动，如图 8-25 所示。

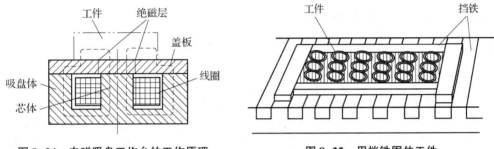

图 8-24 电磁吸盘工作台的工作原理　　图 8-25 用挡铁围住工件

2. 磨平面的方法

磨削平面时，一般是以一个平面为定位基准，磨削另一个平面。如果两个平面都要求磨削并要求平行时，可互为基准反复磨削。常用磨削平面的方法有以下两种。

（1）周磨法。如图 8-26（a）所示，用砂轮圆周面磨削工件。用周磨法磨削平面时，一方面，由于砂轮与工件的接触面积小，排屑和冷却条件好，工件发热变形小，而且砂轮圆周表面磨削均匀，所以能获得较高的加工质量。但另一方面，该磨削方法的生产率较低，仅适用于精磨。

（2）端磨法。如图 8-26（b）所示，用砂轮端面磨削工件。端磨法的特点与周磨法相反，端磨法磨削生产率高，但磨削的精度低，适用于粗磨。

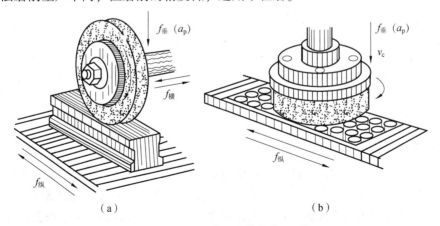

图 8-26 磨平面的方法
(a) 周磨法；(b) 端磨法

3. 切削液

切削液的主要作用是：降低磨削区的温度，起冷却作用；减小砂轮与工件之间的摩擦，起润滑作用；冲走脱落的砂粒和磨屑，防止砂轮堵塞。切削液的使用对磨削质量有重要影响。常用的切削液有两种：苏打水和乳化液。苏打水是由1%的无水碳酸钠、0.25%的亚硝酸钠及水组成，具有良好的冷却性能、防腐性能，而且对人体无害，成本低，是应用最广的一种切削液。乳化液为油酸含量0.5%、硫化蓖麻油含量1.5%、锭子油含量8%以及碳酸钠含量1%的水溶液，它具有良好的冷却性能、润滑性能及防腐性能。苏打水的冷却性能高于乳化液，并且配制方便、成本低，常用于高速强力粗磨。乳化液不但具有冷却性能，而且具有良好的润滑性能，常用于精磨。

8.2.5 磨外圆、内圆及圆锥面

1. 磨外圆

在外圆磨床上磨削外圆表面常用的装夹方法有3种：顶尖装夹、卡盘装夹和心轴装夹。常用的磨削方法有纵磨法和横磨法。纵磨法：磨削外圆时，工件转动并随工作台做纵向往复移动，而用每次纵向行程终了时，砂轮做一次横向进给。当工件磨到接近最后尺寸时，可做几次无横向进给的光磨行程，直到火花消失为止，如图8-27所示。纵磨法的磨削精度高，磨出的工件表面粗糙度值小，适应性好，因此该方法被广泛用于单件小批和大批大量生产中。横磨法：磨削外圆时，工件不做纵向进给运动，砂轮缓慢地、连续或断续地向工件做横向进给运动，直至磨去全部余量为止，如图8-28所示。一方面，横磨法的径向力大，工件易产生弯曲变形。又由于砂轮与工件的接触面积大，产生的热量多，工件也容易产生烧伤现象。另一方面，由于横磨法生产率高，因此该方法只适用于大批、大量生产中精度要求低、刚性好的零件外圆表面的磨削。对于阶梯轴类零件，外圆表面磨到尺寸后，还要磨削轴肩端面。这时只要用手摇动纵向移动手柄，使工件的轴肩端面靠向砂轮，磨平即可，如图8-29所示。

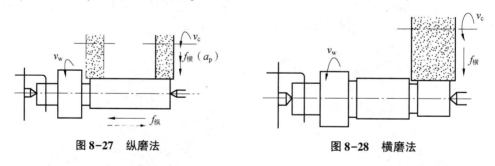

图8-27 纵磨法　　　　　　　　图8-28 横磨法

2. 磨内圆

磨内圆时，一般以工件的外圆和端面作为定位基准，通常用自定心卡盘或单动卡盘装夹工件，其中以单动卡盘通过找正装夹工件用得最多。磨削内圆通常在内圆磨床或万能外圆磨床上进行。磨削时砂轮与工件的接触方式有两种。一种是后面接触，用于内圆磨床，便于操作者观察加工表面；另一种是前面接触，用于万能外圆磨床，便于自动进给。磨内圆时砂轮与工件的接触形式如图8-30所示。

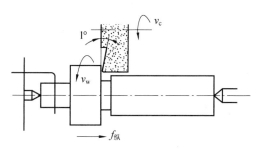
图 8-29 磨轴肩端面

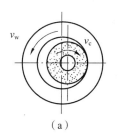 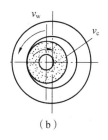

图 8-30 磨内圆时砂轮与工件的接触形式
（a）后面接触；（b）前面接触

3. 磨圆锥面

磨圆锥面的方法很多，常用的方法有两种。转动工作台法：将上工作台相对下工作台扳转一个工件圆锥半角 $\alpha/2$，下工作台在机床导轨上做往复运动进行圆锥面磨削。这种方法既可以磨外圆锥，又可以磨内圆锥，但只适用于磨削锥度较小、锥面较长的工件。图 8-31 为用转动工作台法磨削外圆锥面时的情况。转动头架法：将头架相对工作台扳转一个工件圆锥半角 $\alpha/2$，工作台在机床导轨上做往复运动进行圆锥面磨削。这种方法可以磨内外圆锥面，但只适用于磨削锥度较大、锥面较短的工件。图 8-32 为转动头架法磨内圆锥面的情况。

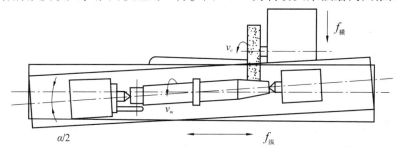

图 8-31 转动工作台法磨外圆锥面

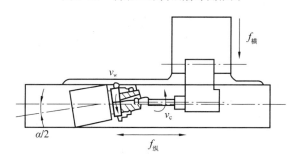

图 8-32 转动头架法磨内圆锥面

8.3 刨削加工

在刨床上用刨刀加工工件的方法称为刨削，它是金属切削加工中常用的方法之一。

8.3.1 刨削概述

1. 刨削运动与刨削用量

1）主运动及切削速度

刨刀的直线往复运动是主运动，其切削刃的选定点相对于工件的主运动的瞬时速度为切削速度，可用下式计算

$$v_c = \frac{2Ln}{1\,000}$$

式中：L——刀具往复行程长度，mm；

n——刀具每分钟往复行程次数，行程/min。

2）进给运动及进给量

工件的横向间歇移动是进给运动，刀具每往复运动一次工件横向移动的距离称为进给量。B6065 型牛头刨床上的进给量可用下式计算

$$f = \frac{k}{3}$$

式中：k——刨刀每往复行程一次，棘轮被拨过的齿数。

3）背吃刀量

在通过切削刃基点并垂直于工作平面的方向上测量的吃刀量，即每次进给过程中，已加工表面与待加工表面之间的垂直距离，单位为 mm。

2. 刨削特点及加工范围

1）刨削特点

刨削运动的主运动为直线往复运动，由于工作行程速度低且回程速度高又不切削，因此刀具在切入和切出时产生冲击和振动，限制了切削速度的提高。另外，回程不切削，增加了加工时的辅助时间。刨削用的刨刀属于单刃刀具，一个表面往往要经过多次行程才能加工出来，所以基本工艺时间加长。刨削的生产率一般低于铣削，但对于窄长表面的加工，如在龙门刨床上采用多刀加工时，刨削的生产率可能高于铣削。龙门刨床上工件的直线往复运动为主运动，刀具的横向间歇移动是进给运动。

刨床的结构比车床和铣床简单，调整和操作简便，加工成本低。刨刀与车刀基本相同，形状简单，制造、刃磨、安装方便，因此刨削的通用性好。

2）刨削的加工范围

刨削主要用于加工平面如水平面、垂直面和斜面，还可以加工槽类零件，如直槽、T 形槽、燕尾槽等。另外，牛头刨床装上夹具后还可以加工齿轮、齿条等成型表面。

8.3.2 牛头刨床

刨床可分为牛头刨床和龙门刨床两大类。牛头刨床主要加工较小的零件表面，而龙门刨床主要加工较大的箱体、支架、床身等零件表面，下面以牛头刨床为例进行介绍。

1. 牛头刨床的型号

按照 GB/T 15375—2008《金属切削机床　型号编制方法》的规定，机床型号，如

B6065，表示的意义如下：B——分类代号，刨床类机床；60——组、系代号，牛头刨床；65——主参数，最大刨削长度（mm）的 1/10，即最大刨削长度为 650 mm。

2. 牛头刨床的组成部分

牛头刨床主要由床身、滑枕、刀架、工作台、横梁等部分组成，如图 8-33 所示。

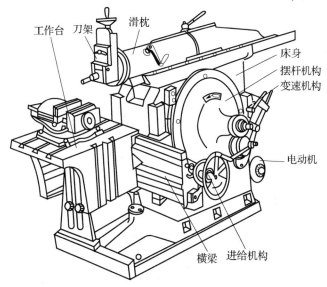

图 8-33　B6065 型牛头刨床

（1）床身：床身用来支承和连接刨床的各个部件，其顶面导轨供滑枕做往复运动，其侧面导轨供工作台升降。床身内部装有齿轮变速机构和摆杆机构，以改变滑枕的往复运动速度和行程长度。

（2）滑枕：滑枕主要用来带动刨刀做直线往复运动。滑枕前端装有刀架，其内部装有丝杠螺母传动装置，可用以改变滑枕的往复行程位置。

（3）刀架：刀架用以夹持刨刀。摇动刀架进给手柄，滑板便可沿转盘上的导轨移动，带动刨刀上下做退刀或吃刀运动。松开转盘上的螺母，将转盘扳转一定角度后，可使刀架做斜向进给。刀架的滑板装有可偏转的刀座，刀架的抬刀板可以绕刀座的 A 轴向上转动。刨刀安装在刀夹上，在回程时，刨刀可绕 A 轴自由上抬，减少了刀具与工件的摩擦。

（4）工作台：工作台用来安装工件，其台面上的 T 形槽可穿入螺栓来装夹工件或夹具，工作台可随横梁在床身的垂直导轨上做上下调整，同时也可在横梁的水平导轨上做水平方向移动或间歇进给运动。

8.3.3　刨刀

1. 刨刀的特点

刨刀的几何参数与车刀相似。由于刨刀切入时受到较大的冲击力，所以一般刨刀刀体的横截面比车刀大 1.25～1.5 倍。平面刨刀的几何角度如图 8-34 所示，通常前角 $\gamma_0 = 0° \sim 25°$，后角 $\alpha_0 = 3° \sim 8°$，主偏角 $\kappa_r = 45° \sim 75°$，副偏角 $\kappa_r' = 5° \sim 15°$，刃倾角 $\lambda_s = 0° \sim 15°$。为了增加刀尖的强度，刨刀的刃倾角一般取负值。

刨刀一般做成弯头，这是刨刀的一个显著特点。在切削时，当弯头刨刀受到较大的切削力时，刀杆可绕 O 点向后方产生弹性弯曲变形，而不致啃入工件已加工表面，而直头刨刀受力后产生弯曲变形会啃入工件的已加工表面，损坏刀刃及已加工表面，如图 8-35 所示。

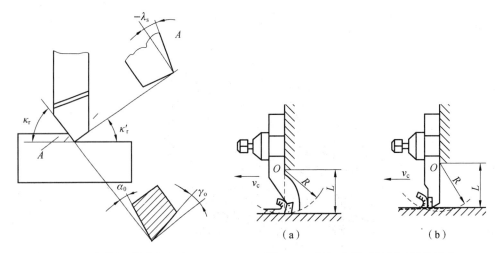

图 8-34　平面刨刀的几何角度

图 8-35　刨刀变形对刨削过程的影响
(a) 弯头刨刀刨削；(b) 直头刨刀刨削

2. 刨刀的种类及其用途

刨刀的种类很多，按其用途不同，可分为平面刨刀、偏刀、角度偏刀、切刀及成型刨刀等。平面刨刀用来加工水平面，偏刀用来加工垂直面或斜面，角度偏刀用来加工具有一定角度的表面，切刀用来加工各种沟槽或切断，成型刨刀用来加工成型面。常见刨刀种类及其用途如图 8-36 所示。

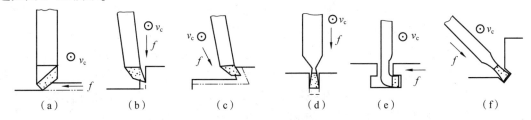

图 8-36　常见刨刀种类及其用途
(a) 平面刨刀；(b) 偏刀；(c) 角度偏刀；(d) 切刀；(e) 弯切刀；(f) 成型刨刀

3. 刨刀的安装

加工水平面时，在安装刨刀前，首先应先松开转盘螺钉，调整转盘对准零线，以便准确地控制背吃刀量。然后，转动刀架进给手柄，使刀架下端面与转盘底侧基本相对，以增加刀架的刚性，减少刨削中的冲击振动。最后，将刨刀插入刀夹内，其刀头伸出量不要太长，以增加刚性，防止刨刀弯曲时损伤已加工表面，拧紧刀夹螺钉固定刨刀。另外，如果需调整刀座偏转角度，可松开刀座螺钉，转动刀座，如图 8-37 所示。

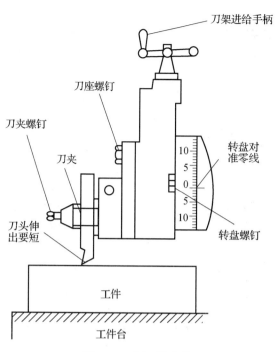

图 8-37 刨刀的安装

8.3.4 刨平面及沟槽

1. 工件的装夹方法

在刨床上,加工单件小批量生产的工件,常用机用台虎钳或螺栓、压板装夹工件,而加工成批大量生产的工件可用专门设计制造的专用夹具装夹工件。刨削用机用台虎钳装夹工件的方法与铣削相同。用螺栓、压板和垫铁将工件直接固定在工作台上,如图 8-38 所示。

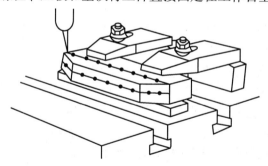

图 8-38 用螺栓、压板和垫铁装夹工件

用螺栓、压板和垫铁装夹工件时,必须注意压板及压点的位置要合理,垫铁的高度要合适,这样可以防止因工件松动而破坏定位,如图 8-39 所示。工件夹紧后,要用划线盘复查加工线与工作台的平行度或垂直度。

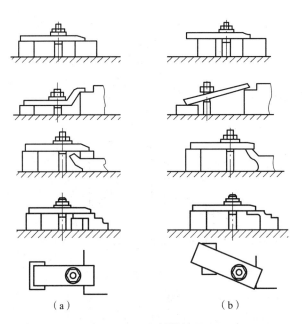

图 8-39 压板的使用

(a) 正确；(b) 错误

2. 刨水平面

粗刨时用平面刨刀，精刨时用圆头精刨刀，背吃刀量 $a_p = 0.2 \sim 2$ mm，刨刀的切削刃圆弧半径为 $3 \sim 5$ mm。进给量 $f = 0.33 \sim 0.66$ mm/行程，切削速度 $v_c = 17 \sim 50$ m/min。粗刨时背吃刀量和进给量取大值，切削速度取低值；精刨时切削速度取高值，背吃刀量和进给量取小值。

3. 刨垂直面和斜面

1) 刨垂直面

刨垂直面是用刀架做垂直进给运动来加工平面的方法，其常用于加工台阶面和长工件的端面，如图 8-40 所示。加工前，要调整刀架转盘的刻度线对准零线，以保证加工面与工件底平面垂直。刀座应偏转 $10° \sim 15°$，使其上端偏离加工面的方向。刀座偏转的目的是使抬刀板在回程时携带刀具抬离工件的垂直面，以减少刨刀的磨损，并避免划伤已加工表面。精刨时，为减小表面粗糙度值，可在副切削刃上接近刀尖处磨出 $1 \sim 2$ mm 的修光刃。装刀时，应使修光刃平行于加工表面。

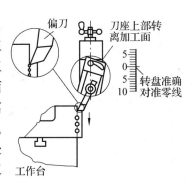

图 8-40 刨垂直面

2) 刨斜面

倾斜于水平面的平面称为斜面。零件上的斜面分内斜面和外斜面两种，通常采用倾斜刀架法刨斜面，即把刀架和刀座分别倾斜一定角度，从上向下倾斜进给进行刨削，如图 8-41 所示。刨斜面时，刀架转盘的刻度不能对准零线，刀架转盘扳过的角度是工件斜面与垂直面之间的夹角。刀座偏转的方向应与刨垂直面时相同，即刀座上端要偏离加工面。

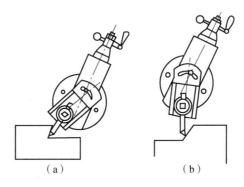

图 8-41　倾斜刀架法刨斜面

(a) 刨内斜面；(b) 刨外斜面

4. 刨 T 形槽

槽类零件很多，如直角槽、T 形槽、V 形槽、燕尾槽等，其作用也各不相同。T 形槽主要用于工作台表面装夹工件，直角槽、V 形槽、燕尾槽用于零件的配合表面，V 形槽还可以用于夹具的定位表面。加工槽类零件的方法常有铣削或刨削。

刨削 T 形槽的步骤如图 8-42 所示，具体如下：

（1）用切刀刨直角槽，使其宽度等于 T 形槽槽口宽度，深度等于 T 形槽的深度。

（2）用右弯头切刀刨削右侧凹槽。如果凹槽的高度较大，一次性刨出全部高度有困难，可分几次刨出，最后用垂直进给精刨槽壁。

（3）用左弯头切刀刨削左侧凹槽。

（4）用 45°刨刀倒角。

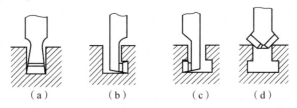

图 8-42　刨削 T 形槽的步骤

(a) 刨直角槽；(b) 刨右侧凹槽；(c) 刨左侧凹槽；(d) 倒角

思考与练习

1. 什么是顺铣？什么是逆铣？如何选择？
2. 铣削平面、台阶面、轴上键槽时应选用什么种类的刀具？
3. 磨削加工为什么加工精度高？为什么不适于加工有色金属材料？
4. 常用磨削平面的方法有几种？各有何优缺点？
5. 刨刀的刃倾角为什么选择负值？
6. 刨削平面、斜面、垂直面、T 形槽和 V 形槽时各选用何种刨刀？

第 9 章 钳 工

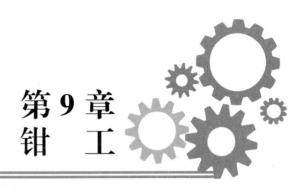

9.1 钳工概述

9.1.1 钳工工作

钳工主要是利用台虎钳、各种手用刀具和一些电动工具完成某些零件的加工,部件、机器的装配和调试,以及各类机械设备的维护与修理等工作。钳工是一种比较复杂、细致、技术要求高、实践能力强的工作,基本工艺包括零件测量、划线、锯削、锉削、钻孔、扩孔、铰孔、攻螺纹、套螺纹及装配等。

随着机械工业的发展,钳工的工作范围日益广泛,需要掌握的技术知识和技能也越来越多,以至形成了钳工专业的分工,如普通钳工、划线钳工、修理钳工、装配钳工、模具钳工、工具样板钳工、钣金钳工等。钳工具有所用工具简单、加工多样灵活、操作方便和适应面广等特点。目前虽然有各种先进的加工方法,但很多工作仍然需要由钳工来完成,如某些零件加工(主要是机床难以完成或者是特别精密的加工),机器的装配和调试,机械的维修,以及形状复杂、精度要求高的量具、模具、样板、夹具等的加工。钳工在保证机械加工质量中起着重要作用,因此,尽管钳工工作大部分是手工操作,生产效率低,工人操作技术要求高,但目前它在机械制造业中仍然起着十分重要的作用,是历史悠久又充满活力、不可缺少的重要工种之一。

9.1.2 钳工工作台和台虎钳

工作台简称钳台,有单人用和多人用两种,用硬质木材或钢材制成。工作台要求平稳、结实,台面高度一般以装上台虎钳后钳口高度恰好与人手肘平齐为宜,抽屉可用来存放工具,台桌上必须装有防护网,如图 9-1 所示。

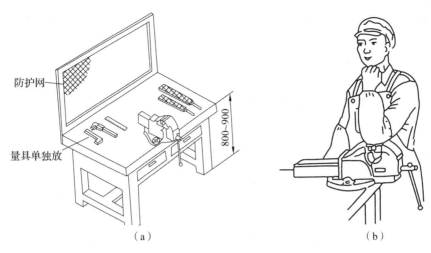

图 9-1 工作台及台虎钳的合适高度
(a) 工作台；(b) 台虎钳的合适高度

台虎钳用来夹持工件，其规格以钳口的宽度表示，常用的有 100 mm、125 mm、150 mm 三种，如图 9-2 所示。使用台虎钳时应注意的事项：工件尽量夹持在台虎钳钳口中部，以使受力均匀；夹紧后的工件应稳固可靠，便于加工，并且不产生变形；只能用手扳紧摇动手柄夹紧工件，不准用套管接长手柄或用手锤敲击手柄，以免损坏台虎钳螺母；不要在活动钳身的光滑表面进行敲击作业，以保证其与固定钳身的配合性能；加工时用力方向最好是朝向固定钳身。

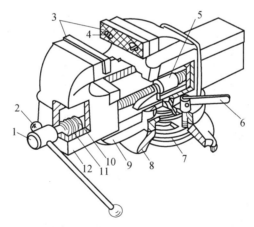

1—丝杠；2—摇动手柄；3—淬硬的钢钳口；4—钳口螺钉；5—螺母；6—紧固手柄；7—夹紧盘；
8—转动盘座；9—固定钳身；10—弹簧；11—垫圈；12—活动钳身。

图 9-2 台虎钳

9.2 划线

根据图样的尺寸要求，用划线工具在毛坯或半成品工件上划出待加工部位的轮廓线或作为基准的点、线的操作称为划线。划线是一项复杂、细致的重要工作，如果将线划错，就会造成加工后的工件报废。因此，对划线的要求是尺寸准确、位置正确、线条清晰、冲眼均匀。划线精度一般为 0.25～0.5 mm，划线精度直接关系到产品质量。

划线的作用：准确地在毛坯或半成品工件上表示出加工位置，作为加工或装夹、定位的依据。所划的基准点或线是毛坯或工件安装时的标记或校正线；借划线来检查毛坯或工件的尺寸和形状，及早剔除不合格品，避免造成后续加工工时的浪费；在板料上划线下料，可做到正确排料，使材料得以合理使用。

9.2.1 划线工具

划线工具按用途可分为以下几类：基准工具、量具、直接绘划工具、夹持工具等。

1. 基准工具

划线平台是划线的主要基准工具，如图 9-3 所示，其安放要平稳牢固，上平面应保持水平。划线平台的平面各处要均匀使用，以免局部磨凹。其表面不要碰撞也不要敲击，且要保持清洁。划线平台长期不用时，应涂油防锈，并加盖保护罩。

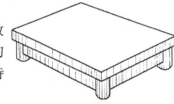

图 9-3 划线平台

2. 量具

量具有钢直尺、90°角尺、高度尺等。普通高度尺又称量高尺，由钢直尺和底座组成，使用时配合划线盘量取高度尺寸；高度游标卡尺能直接表示出高度尺寸，其读数精度一般为 0.02 mm，可作为精密划线工具。量高尺与高度游标卡尺如图 9-4 所示。

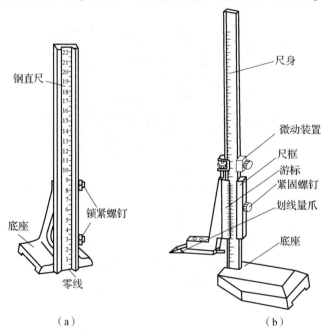

图 9-4 量高尺与高度游标卡尺

（a）量高尺；（b）高度游标卡尺

3. 直接绘划工具

直接绘划工具有划针、划规、划卡、划线盘和样冲等。

（1）划针是在工件表面划线用的工具，常用 φ3～φ6 mm 的工具钢或弹簧钢丝制成，并经淬火处理，其尖端磨成 15°～20° 的尖角。有的划针在尖端部位焊有硬质合金，这样划针更锐利，耐磨性更好。划线时，划针要依靠钢直尺或 90°角尺等导向工具来移动，并向外侧倾斜 15°～20°，向划线方向倾斜 45°～75°。划线时，要做到尽可能一次划成，使线条清晰、准确，划线的种类及使用方法如图 9-5 所示。

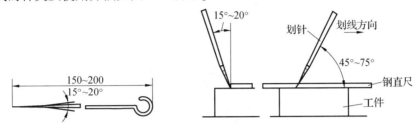

图 9-5 划线的种类及使用方法

（2）划规是划圆、弧线、等分线段及量取尺寸等使用的工具，如图 9-6 所示，它的用法与制图用的圆规相同。

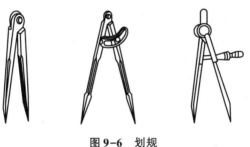

图 9-6 划规

（3）划卡主要是用来确定轴和孔的中心位置，如图 9-7 所示。

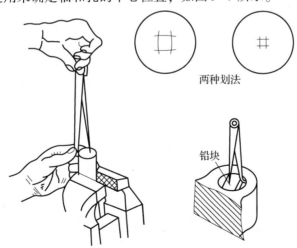

图 9-7 用划卡定中心

（4）划线盘主要用于立体划线和校正工件位置，如图9-8所示。用划线盘划线时，要注意划针装夹应牢固，伸出长度要小，以免抖动，其底座要与划线平台贴紧，不要摇晃和跳动。

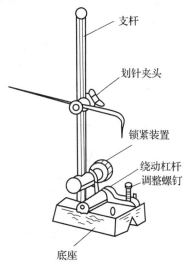

图9-8　划线盘

（5）样冲是在划好的线上打样冲眼时使用的工具，如图9-9所示。打样冲眼是为了强化显示用划针划出的加工界线，也是使划出的线条具有永久的位置标记。另外，它也可作为划圆弧时的定心脚点使用。样冲用工具钢制成，尖端处磨成45°~60°角并经淬火硬化。

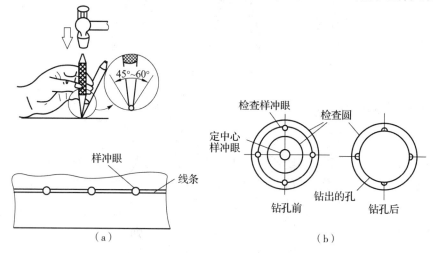

图9-9　样冲
(a) 样冲及用法；(b) 打样冲眼的作用

4. 夹持工具

（1）方箱：用来夹持较小工件，通过在平板上的翻转，可划出相互垂直的线来，如图9-10所示。

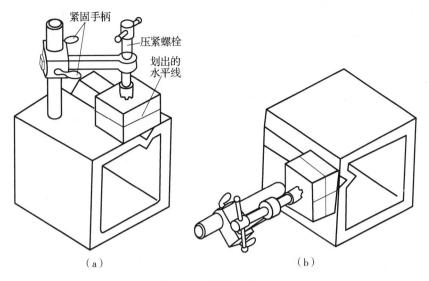

图 9-10 方箱夹持工件

(a) 划出水平线；(b) 划出垂直线

(2) V形铁：用来支承圆柱形工件进行划中心线或找中心，如图 9-11 所示。

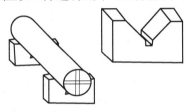

图 9-11 V形铁夹持工件

(3) 千斤顶：用来支承较大工件进行划线，一般 3 个为一组把工件支承起来，其高度可调整，以便找正工件位置，如图 9-12 所示。

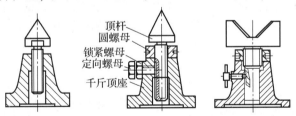

图 9-12 千斤顶夹持工件

9.2.2 划线基准的概念及其选择

1. 划线基准的概念

划线时，首先选择和确定工件上某个或某些线、面作为划线的依据，然后划出其余线，这些线、面就是划线基准。

2. 划线基准的选择

一般可选用图纸上设计的基准或重要孔的中心作为划线基准；若工件上有已加工过的平

面，可选择已加工平面作为划线基准；未加工的毛坯，应以主要的、面积较大的未加工面作为划线基准。

9.2.3 划线方法

划线方法分平面划线和立体划线两种，如图 9-13 所示。平面划线是在工件的一个平面上划线，立体划线是平面划线的复合，是在工件的几个表面上划线，即在长、宽、高 3 个方向划线。

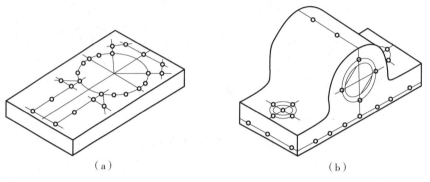

图 9-13　平面划线和立体划线
(a) 平面划线；(b) 立体划线

平面划线与平面作图方法类似，即用划针、划规、90°角尺、钢直尺等在工件表面上划出几何图形的线条。平面划线步骤如下：分析图样，选定划线基准；检查毛坯并在划线表面涂上涂料；划基准线和加工时在机床上安装找正用的辅助线；划其他直线、垂直线；划圆、连接圆弧、斜线等；检查核对尺寸；打样冲眼。

立体划线是平面划线的复合运用，它和平面划线有许多相同之处，其不同之处是在两个或两个以上的表面划线。划线基准一经确定，其后的划线步骤与平面划线大致相同。立体划线的常用方法有两种：一种是工件固定不动，此方法适用于大型工件，划线精度较高，但生产率低；另一种是工件翻转移动，此方法适用于中、小件，划线精度较低，而生产率较高。在实际工作中，特别是中、小件的划线，有时也采用中间方法，即将工件固定在可以翻转的方箱上，这样便可兼得两种划线方法的优点。

9.3　锯削

锯削是用手锯对材料进行切断或切槽的操作。虽然当前各种自动化、机械化的切割设备已被广泛采用，但是手锯切削还是比较常见。这是因为它具有方便、简单和灵活的特点，不需要任何辅助设备，不消耗动力。在单件小批生产中，在临时工地以及在切削异形工件、开槽、修整等场合应用很广。因此，手工锯削也是钳工需要掌握的基本功之一。

9.3.1 手锯

1. 锯弓

锯弓分固定式和可调式两种，如图 9-14 所示。固定式锯弓的弓架是整体的，只能装一种长度规格的锯条；可调式锯弓的弓架分成前后两段，由于前段在后段套内可以伸缩，因此可以安装几种长度规格的锯条。

图 9-14 锯弓

(a) 固定式；(b) 可调式

2. 锯条

锯条是用来直接锯削材料或工件的刃具，一般是用碳素工具钢或合金钢制成，经热处理淬硬。常用的锯条规格是长 300 mm，宽度 10～25 mm，厚度 0.6～1.25 mm。

锯条的切削部分由许多均布的锯齿组成，锯齿齿形如图 9-15 所示。全部的锯齿按一定形状左右错开排列，如图 9-16 所示，使手锯在锯削时能减少锯条与锯缝间的摩擦，便于排屑，防止夹锯。

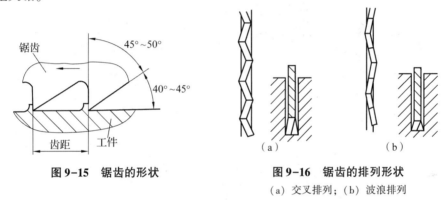

图 9-15 锯齿的形状

图 9-16 锯齿的排列形状

(a) 交叉排列；(b) 波浪排列

锯齿的粗细应根据加工材料的硬度、厚度来选择。锯削软材料或厚材料时，因锯屑较多，要求有较大的容屑空间，应选用粗齿锯条。锯削硬材料或薄材料时，材料硬，锯齿不易切入，锯屑量少，不需要大的容屑空间；薄材料在锯削中锯齿易被工件勾住而崩裂，需要多齿同时工作（一般要有 3 个齿同时接触工件），使锯齿承受的力量减小，所以这两种情况应选用细齿锯条。一般中等硬度材料选用中齿锯条。

9.3.2 锯削操作

1. 锯条的安装

安装锯条时，要求锯条的齿尖必须朝向前推方向，以便锯条向前推时起到切削作用。同时，安装松紧程度应适当。

2. 工件的安装

工件一般夹持在台虎钳的左侧，锯割线与钳口端面平行，工件伸出部分尽量贴近钳口。

3. 手锯件的握法

常见的握法是：右手（后手）握锯柄，左手（前手）轻扶锯弓前端，如图 9-17 所示。

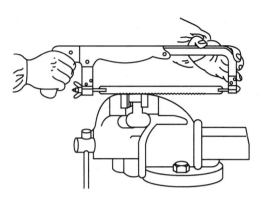

图 9-17 手锯的握法

4. 起锯

起锯时,用左手拇指靠住锯条,起锯角约等于15°,如图 9-18 所示。若起锯角度过大,锯齿易崩碎;起锯角太小,锯齿不易切入。起锯操作时,行程要短,压力要小,速度要慢,起锯角要正确。

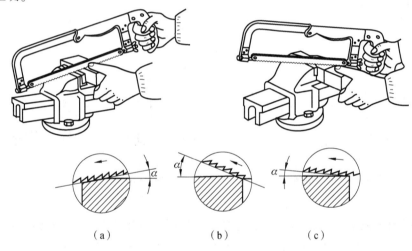

图 9-18 起锯方法
(a) 起锯角合适;(b) 起锯角太大;(c) 起锯角太小

5. 锯削

锯削时,推力和压力主要由右手控制,左手主要是配合右手扶正锯弓,压力不要过大。推锯时为切削行程,应施加压力;向后回拉时不切削,不加压力。锯削速度一般控制为 40~50 次/min 为宜。在整个锯削过程中,应充分利用锯条有效长度。工件将要锯断时,用力要轻,速度要慢,避免锯断时碰伤手臂或折断锯条。

9.3.3 锯削操作示例

1. 锯圆钢

锯圆钢时,若断面要求较高,应从起锯开始由一个方向锯到结束。

2. 锯扁钢

锯扁钢时，应从宽面下锯，这样锯缝浅且易平整，如图 9-19 所示。

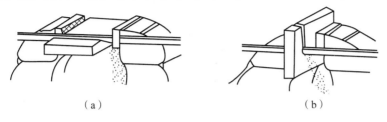

图 9-19　锯扁钢
(a) 正确；(b) 错误

3. 锯圆管

锯圆管时，应将管子夹在两块木制的 V 形槽垫之间，以防夹扁圆管，如图 9-20 所示。锯削时不能从一个方向锯到底，其原因是锯齿锯穿圆管内壁后，锯齿即在薄壁上切削，受力集中，很容易被管壁勾住而折断。锯削圆管的正确方法是：多次变换方向进行锯削，每一个方向只能锯到圆管的内壁处，随即把圆管转过一个角度，一次一次地变换，逐次进行锯削，直至锯断，如图 9-21 所示。另外，在变换方向时，应使已锯部分向锯条推进方向转动，不要反转，否则锯齿会被管壁勾住。

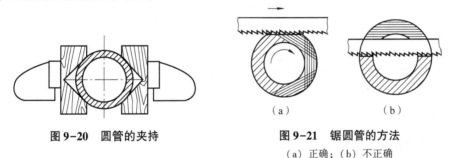

图 9-20　圆管的夹持　　　**图 9-21　锯圆管的方法**
　　　　　　　　　　　　　　(a) 正确；(b) 不正确

4. 锯薄板

锯薄板时，应尽可能从宽面锯下去。如果只能在板料的窄面锯下去，可将薄板夹在两木板之间一起锯削，这样可避免锯齿勾住，同时还可增加板的刚性。当板料太宽，不便用台虎钳装夹时，应采用横向斜推锯削，如图 9-22 所示。

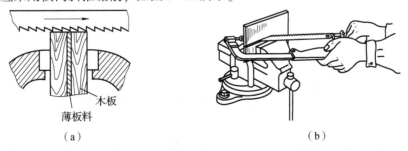

图 9-22　锯薄板
(a) 用木板夹持；(b) 横向斜推锯削

5. 锯角钢和槽钢

锯角钢和槽钢的方法与锯扁钢基本相同，但工件应不断改变夹持位置，如图 9-23 所示。

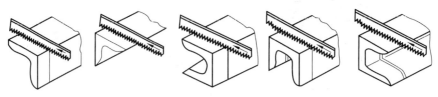

图 9-23 锯角钢和槽钢

6. 锯深缝

当锯缝的深度超过锯弓的高度时，应将锯条转过 90°重新安装，把锯弓转到工件旁边。锯弓横下来后锯弓的高度仍然不够时，可将锯弓转过 180°，把锯条锯齿安装在锯弓内进行锯削，如图 9-24 所示。

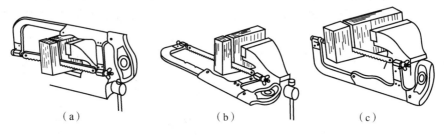

（a） （b） （c）

图 9-24 锯深缝

（a）锯缝深度超过锯弓高度；（b）将锯条转过 90°安装；（c）将锯条转过 180°安装

9.4 锉削

用锉刀对工件表面进行切削加工的操作称为锉削。锉削一般用于錾削、锯削之后的进一步加工。可在工件上的平面、曲面、内外圆弧、沟槽及其他复杂表面进行加工，其最高加工精度可达 IT8～IT7 级，表面粗糙度 Ra 值可达 0.8 μm。锉削可用于成型样板、模具型腔以及部件、机器装配时工件修整，是钳工主要操作方法之一。

9.4.1 锉刀

1. 锉刀的材料

锉刀是用碳素工具钢，经热处理后制成的，硬度可达 62～67 HRC。锉刀齿纹多是用剁齿机剁出来的，分为单纹和双纹，双纹锉刀锉削省力，易断屑和排屑，应用最为普遍。

2. 锉刀的组成

锉刀由锉刀面、锉刀边、锉刀舌、锉刀尾、木柄等部分组成，如图 9-25 所示。

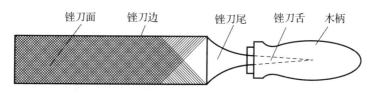

图 9-25　锉刀各部分的名称

3. 锉刀的种类和选用

按用途，锉刀可分为钳工锉、特种锉和整形锉 3 类。钳工锉按截面形状可分为平锉、方锉、圆锉、半圆锉和三角锉 5 种，按长度可分 100 mm、150 mm、200 mm、250 mm、300 mm、350 mm 及 400 mm 7 种，按齿纹粗细可分为粗齿锉、中齿锉、细齿锉、双细锉、油光锉。特种锉可用于加工零件上的特殊表面，它有直的、弯曲的 2 种，其截面形状很多。整形锉主要用于精细加工及修整工件上难以机械加工的细小部位，由若干把各种截面形状的锉刀组成一套。

合理选用锉刀对保证加工质量、提高工作效率和延长锉刀寿命有很大的影响。锉刀的一般选择原则是：根据工件表面形状和加工面的大小选择锉刀的断面形状和规格，根据材料软硬、加工余量、精度和表面粗糙度的要求选择锉刀齿纹的粗细。粗齿锉由于齿距较大、不易堵塞，一般用于锉削铜、铝等软金属及加工余量大、精度低和表面粗糙工件的粗加工；中齿锉齿距适中，适于粗锉后的加工；细齿锉可用于锉削钢、铸铁以及加工余量小、精度要求高和表面粗糙度值小的工件；油光锉用于最后修光工件表面。

9.4.2　锉削基本操作

1. 工件安装

工件必须牢固地装夹在台虎钳钳口的中间，并略高于钳口。夹持已加工表面时，应在钳口与工件间垫以铜片或铝片。

2. 锉刀握法

锉削时，一般右手握锉柄，左手握住锉刀，如图 9-26 所示。

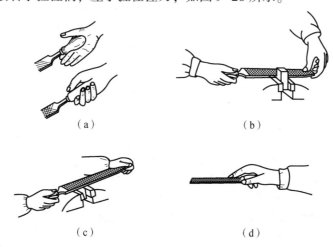

图 9-26　锉刀的握法

(a) 右手握法；(b) 大锉刀两手握法；(c) 中锉刀两手握法；(d) 小锉刀握法

3. 锉削姿势及施力

正确的锉削姿势，能够减轻疲劳，提高锉削质量和效率。人站立的位置与錾削时基本相同，即左腿弯曲，右腿伸直，身体向前倾斜，重心落在左腿上。

锉削时两脚站稳不动，靠左膝的屈伸使身体做往复运动，手臂和身体的运动要互相配合，并要充分利用锉刀的全长，如图 9-27 所示。开始锉削时身体要向前倾斜 10°左右，左肘弯曲，右肘向后。锉刀推出 1/3 行程时，身体要向前倾斜 15°左右，这时左腿稍弯曲，左肘稍直，右臂向前推。锉刀推到 2/3 行程时，身体逐渐倾斜到 18°左右，最后左腿继续弯曲，左肘渐直，右臂向前使锉刀继续推进，直到推尽。身体随着锉刀的反作用方向退回到 15°位置。行程结束后，把锉刀略为抬起，使身体与手回复到开始时的姿势，如此反复。

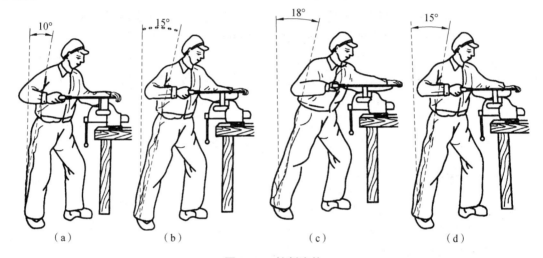

图 9-27 锉削姿势

(a) 开始锉削时；(b) 锉刀推出 1/3 行程时；(c) 锉刀推到 2/3 行程时；(d) 锉刀行程推尽

锉削的力量有水平推力和垂直压力两种。推力主要由右手控制，其大小必须大于切削阻力才能锉去切屑，压力是由两手控制的，其作用是使锉齿深入金属表面。

锉削时锉刀的平直运动是完成锉削的关键。由于锉刀两端伸出工件的长度随时都在变化，因此两手压力大小也必须随之变化，即两手压力对于工件中心的力矩应相等，这是保证锉刀平直运动的关键。保证锉刀平直运动的方法是：随着锉刀的推进，左手压力应由大而逐渐减小，右手的压力则由小而逐渐增大，到中间时两手压力相等，如图 9-28 所示。只有掌握了锉削平面的技术要领，才能使锉刀在工件的任意位置时，锉刀两端压力对与工件中心的力矩保持平衡，否则锉刀就不会平衡，工件中间将会产生凸面或鼓形面。

锉削时，因为锉齿存屑空间有限，对锉刀的总压力不能太大，否则会使锉刀磨损加快。但压力也不能过小，否则锉刀打滑，达不到切削目的。一般来说，在锉刀向前推进时手上有一种韧性感觉为适宜。锉削速度一般为 30~60 次/min。太快，操作者容易疲劳且锉齿易磨钝；太慢，锉削效率低。

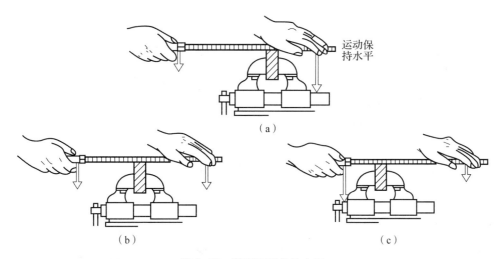

图 9-28 锉平面时的施力图
(a) 开始位置；(b) 中间位置；(c) 终了位置

9.4.3 锉削方法

1. 平面锉削

常用方法有顺锉、交叉锉和推锉 3 种，如图 9-29 所示。顺锉的锉刀沿着工件表面横向或纵向移动，锉削平面可得到正直的锉痕，比较平直、光泽。这种方法适用于工件锉光、锉平或锉纹。交叉锉是以交叉的两方向顺序对工件进行锉削。由于锉痕是交叉的，容易判断锉削平面的不平程度，因而也容易把平面锉平。交叉锉法去屑较快、效率高，适用于平面的粗锉。推锉法两手对称地握住锉刀，用两大拇指推锉刀进行锉削。这种方法适用于对表面较窄且已经锉平、加工余量很小的工件进行修正尺寸和减小表面粗糙度值。

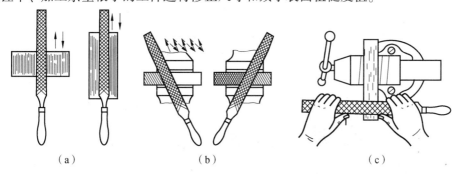

图 9-29 平面锉削方法
(a) 顺锉；(b) 交叉锉；(c) 推锉

2. 圆弧面锉削

圆弧面锉削常采用滚锉法，顺着圆弧做前进运动的同时绕工件圆弧中心摆动，如图 9-30 所示。锉削外圆弧面时，锉刀除向前运动外，同时还要沿被加工圆弧面摆动。锉削内圆弧面时，锉刀除向前运动外，锉刀本身还要做一定的旋转和向左或向右的移动。

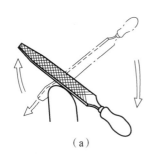
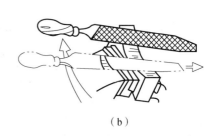

图 9-30　圆弧面锉削

(a) 外圆弧面锉削；(b) 内圆弧面锉削

9.4.4　锉削质量检查

锉削质量检查包括尺寸精度检查、直线度检查、垂直度检查、表面粗糙度检查等。尺寸精度检查：用游标卡尺在工件全长不同的位置上进行数次测量。直线度检查：用钢直尺和 90°角尺以透光法来检查。垂直度检查：用 90°角尺以透光法来检查，先选择基准面，然后对其他各面进行检查，如图 9-31 所示。表面粗糙度检查：一般用眼睛观察即可，如要求准确，可用表面粗糙度样板对照进行检查。

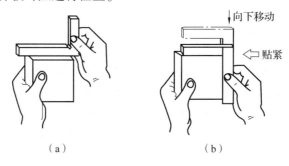

图 9-31　检查直线度和垂直度

(a) 检查直线度；(b) 垂直度

9.5　钻孔、扩孔和铰孔

各种零件上的孔加工，除去一部分由车床、镗床、铣床等机床完成外，很大一部分是由钳工利用各种钻床和钻孔工具完成的。钳工加工孔的方法一般是指钻孔、扩孔和铰孔。

9.5.1　钻床和钻孔工具

机器零件上分布着很多大小不同的孔，其中那些数量多、直径小、精度不很高的孔，都是在钻床上加工出来的。钻床上可以完成的工作很多，如钻孔、扩孔、铰孔、攻螺纹、锪孔和锪凸台。钻床的种类很多，常用的有台式钻床、立式钻床和摇臂钻床等。

1. 台式钻床

台式钻床简称台钻，如图9-32所示。通常安装在台桌上，主要用来加工小型工件的孔，孔的直径最大为12 mm。钻孔时，工件固定在工件台上，钻头由主轴带动旋转，其转速可通过改变三角带轮的位置来调节，台钻的主轴向下进给运动由手工完成。

2. 立式钻床

立式钻床简称立钻，如图9-33所示。其规格以最大钻孔直径表示，有25 mm、35 mm、40 mm、50 mm等几种。立钻由机座、工作台、立柱、主轴、主轴变速箱和进给箱等组成。主轴变速箱和进给箱分别用以改变主轴的转速和进给速度。钻孔时，工件安装在工作台上，通过移动工件位置使钻头对准孔的中心。加工一个孔后，再钻另一个孔时，必须移动工件。因此，立钻主要用于加工中、小型工件上的孔。

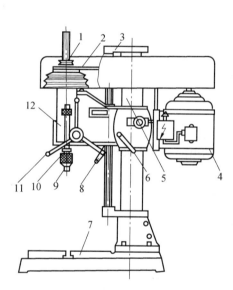

1—塔轮；2—V带；3—丝杆架；4—电动机；
5—立柱；6—锁紧手柄；7—工作台；8—升降手柄；
9—钻夹头；10—主轴；11—进给手柄；12—头架。

图9-32 台式钻床

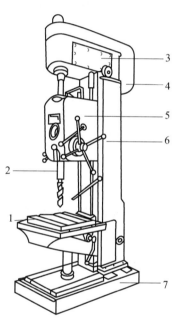

1—工作台；2—主轴；
3—主轴变速箱；4—电动机；
5—进给箱；6—立柱；7——机座。

图9-33 立式钻床

3. 摇臂钻床

摇臂钻床的构造如图9-34所示。主轴箱安装在能绕立柱旋转的摇臂上，由摇臂带动可沿立柱垂直移动，同时主轴箱可在摇臂上做横向移动。由于上述的运动，可以很方便地调整钻头的位置，以对准被加工孔的中心，而不需要移动工件。因此，摇臂钻床适用于单件或成批生产中大型工件及多孔工件上的孔加工。

4. 手电钻

手电钻是最常用的钻孔工具之一，如图9-35所示，可用于不便于使用钻床钻孔的地方。其优点是携带方便，使用灵活，操作简单。

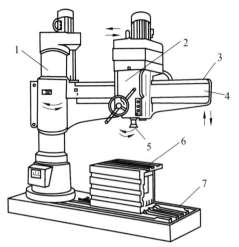
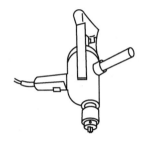

1—立柱；2—主轴箱；3—摇臂轨；4—摇臂；
5—主轴；6—工作台；7—机座。

图 9-34　摇臂钻床　　　　　　　　图 9-35　手电钻

9.5.2　钻孔

1. 钻孔基础知识

钻孔是用钻头在实心工件上加工出孔的方法。钻出的孔精度较低，尺寸公差等级一般为 IT14～IT11，表面粗糙度 Ra 值为 50～12.5 μm。因此，钻孔属于孔的粗加工。在钻床上钻孔时，工件一般是固定的，钻头旋转做主运动，同时沿轴线向下做进给运动，如图 9-36 所示。

图 9-36　钻孔

1）麻花钻

钻头是钻孔用的切削工具，种类较多，最常用的是麻花钻，其构造如图 9-37 所示。柄部是钻头的夹持部分，用于传递扭矩和轴向力。工作部分包括切削和导向两部分。切削部分由前刀面、后刀面、副后刀面、主切削刃、副切削刃和横刃等组成，如图 9-38 所示，其作用是担负主要切削工作。导向部分由两条对称的刃带（棱边亦即副切削刃）和螺旋槽组成。刃带的作用是减少钻头和孔壁间的摩擦，修光孔壁并对钻头起导向作用。螺旋槽的作用是排屑和输送切削液。

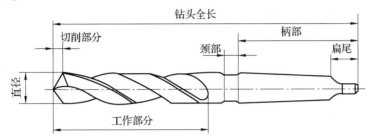

图 9-37 麻花钻的构造

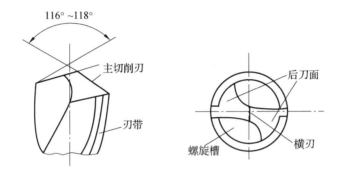

图 9-38 麻花钻切削部分

2）钻孔用的夹具

钻孔用的夹具主要包括装夹钻头夹具和装夹工件夹具。装夹钻头夹具常用的是钻夹头和钻套。钻夹头是用来夹持直柄钻头的夹具，其结构和使用方法如图 9-39 所示。钻套是在钻头锥柄小于机床主轴锥孔时，借助它进行安装钻头的夹具，如图 9-40 所示。

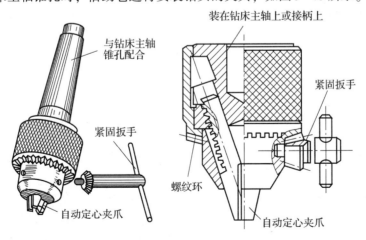

图 9-39 钻夹头结构和使用方法

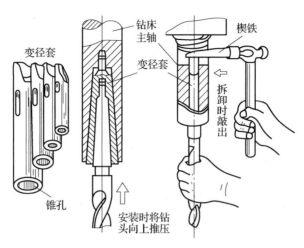

图 9-40 钻套及安装

3）工件夹具

加工工件时，应根据钻孔直径和工件形状来合理地使用工件夹具。装夹工件要牢固可靠，但又不能将工件夹得过紧而损伤工件或使工件变形影响钻孔质量。常用的夹具有手台虎钳、机用台虎钳、V形架和压板等。

如图9-41所示，对于薄壁工件和小工件，常用手台虎钳夹持；对于中小型平整工件，常用机用台虎钳夹持；对于轴或套筒类工件，可用V形架夹持并和压板配合使用；对不适于用台虎钳夹紧的工件或要钻大直径孔的工件，可用压板、螺栓直接固定在钻床工作台上。

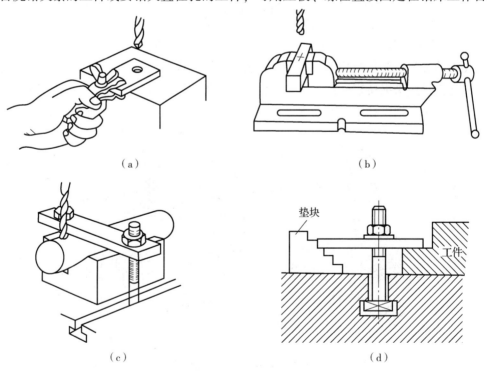

图 9-41 工件夹持方法
(a) 手台虎钳夹持；(b) 机用台虎钳夹持；(c) V形架夹持；(d) 压板、螺栓夹持

2. 钻孔基础操作

钻孔方法一般有划线钻孔、配钻钻孔和模具钻孔等，下面介绍划线钻孔的操作方法。

（1）工件划线。按图纸尺寸要求，划线确定孔的中心，并在孔的中心处打出样冲眼，使钻头易对准孔的中心，不易偏离，然后再划出检查圆。

（2）工件装夹。根据工件的大小、形状及加工要求，选择使用钻床，确定工件的装夹方法。装夹工件时，要使孔的中心与钻床的工作台垂直，安装要稳固。

（3）钻头装夹。根据孔径选择钻头，按钻头柄部正确安装钻头。

（4）选择切削用量。根据工件材料、孔径大小等确定钻速和进给量。钻大孔时转速要低些，以免钻头过快变钝；钻小孔转速可高些，但进给应较慢，以免钻头折断。钻硬材料转速要低，反之要高。

（5）钻孔。先对准样冲眼钻一浅孔，检查是否对中，若偏离较多，可用样冲重新打中心孔纠正或用錾子錾几条槽来纠正。

开始钻孔时，要用较大的力向下进给，进给速度要均匀，快钻透时压力应逐渐减小。钻深孔时，要经常退出钻头排屑和冷却，避免切屑堵塞孔而卡断钻头。钻削过程中，可加切削液，以降低钻削温度，提高钻头耐用度。

9.5.3 扩孔和铰孔

1. 扩孔

用扩孔钻对已有的孔进行扩大孔径的加工方法称为扩孔。扩孔属于半精加工，扩孔后尺寸公差等级一般可达到 IT10～IT9，表面粗糙度 Ra 值为 6.3～3.2 μm。扩孔钻与钻头形状相似，不同的是扩孔钻有 3～4 个切削刃，且没有横刃。扩孔钻的钻芯大，刚性好，导向性好，切削平稳，加工质量比钻孔高。因此，可适当地校正钻孔时的轴线偏差，获得较正确的几何形状和较高的表面质量。扩孔钻和扩孔如图 9-42 所示。

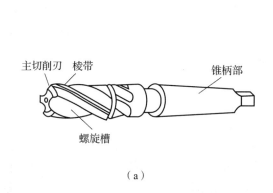
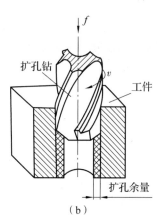

图 9-42 扩孔钻和扩孔
(a) 扩孔钻；(b) 扩孔

扩孔可作为中等精度孔加工的最终工序，也可作为铰孔前的准备工序。扩孔的加工余量一般为 0.5～4 mm。

2. 铰孔

用铰刀对已粗加工的孔进行精加工的方法称为铰孔,如图 9-43 所示。通过铰孔提高孔的尺寸精度,尺寸公差等级可达 IT7～IT6,表面粗糙度 Ra 值可达 $1.6～0.8\ \mu m$。

铰孔用的刀具是铰刀,如图 9-44 所示。铰刀的工作部分由切削部分和修光部分组成。切削部分成锥形,担负着切削工作;修光部分起着导向和修光作用。铰刀有 6～12 个切削刃,每个切削刃的负荷较轻,刚性和导向性好。

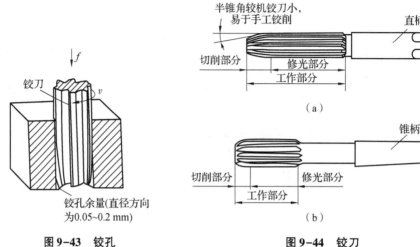

图 9-43 铰孔   图 9-44 铰刀
（a）手用铰刀；（b）机用铰刀

铰刀有手用铰刀和机用铰刀两种。手用铰刀为直柄,其工作部分较长,导向作用好,易于铰刀导向和切入。机用铰刀多为锥柄,可装在钻床、车床上铰孔,铰孔时选较低的切削速度,并选用合适的切削液。

9.6 攻螺纹和套螺纹

9.6.1 攻螺纹

用丝锥加工内螺纹的方法称为攻螺纹（即攻丝）,如图 9-45 所示。

1. 丝锥

丝锥是用来切削内螺纹的工具,分为手用或机用两种,一般用合金工具钢或高速钢制成,其结构如图 9-46 所示。丝锥由工作部分和柄部组成。工作部分包括切削部分和校准部分,其上开有几条容屑槽,起容屑和排屑作用。切削部分呈锥形,起主要切削作用;校准部分用于校准和修光切出的螺纹并起导向作用。柄部的方榫用来与铰杠配合传递扭矩。手用丝锥一般由两支组成一套,分为头锥和二锥。两支丝锥的外径、中径和内径是相等的,只是切削部分的长度和锥角不同。头锥的切削部分长些,锥角小些;二锥的切削部分短些,锥角较大。切不通螺孔时,两支丝锥顺次使用;切通孔螺纹,头锥能一次完成。螺距大于 2.5 mm 的丝锥常制成三支一套。

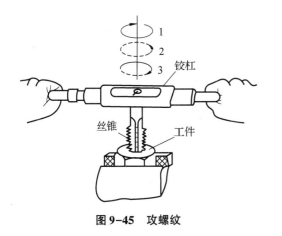

图 9-45 攻螺纹

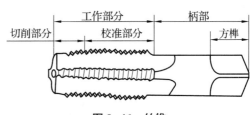

图 9-46 丝锥

2. 攻螺纹前底孔直径和深度的确定

攻螺纹时，丝锥除了切削金属以外，还产生挤压，使材料向螺纹牙尖流动。如果工件上螺纹底孔直径与螺纹内径相同，那么被挤出的材料将会卡住丝锥甚至使丝锥损坏。加工塑性高的材料时，这种现象很明显。因此，螺纹底孔直径要比螺纹内径稍大些。确定底孔直径可查手册或用经验公式计算：

$$钢料及塑性材料，D_0 \approx D - P$$
$$铸铁及脆性材料，D_0 \approx D - 1.1P$$

式中：D_0——底孔直径，mm；

D——内螺纹大径，mm；

P——螺距，mm。

攻不通螺纹时，由于丝锥不能攻到底，所以钻孔深度要大于所需螺纹深度，增加的长度约为 0.7 倍的螺纹外径。一般取钻孔深度=所需螺纹深度+0.7D。

3. 攻螺纹基本操作

攻螺纹的步骤如图 9-47 所示。

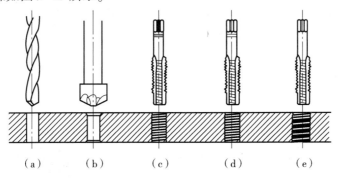

图 9-47 攻螺纹步骤

(a) 钻底孔；(b) 倒角；(c) 用头锥攻；(d) 用二锥攻；(e) 用三锥攻

(1) 确定螺纹底孔直径，划线，确定螺纹孔的中心，并在孔的中心打出样冲眼，选用合适钻头钻螺纹底孔。

(2) 在孔口两端倒角，以便丝锥切入，防止孔口产生毛边或螺纹牙齿崩裂。

(3) 根据丝锥大小选择合适的铰杠，工件装夹在台虎钳上，应保证螺纹孔轴线与台虎钳钳口垂直。

(4) 用头锥攻螺纹时，将丝锥头部垂直放入孔内。然后用铰杠轻压旋入，如图 9-48 所示。待切入工件 1～2 圈后，再用目测或直尺检查丝锥是否垂直。继续转动，直至切削部分全部切入后，就用两手平稳地转动铰杠，这时可不加压力而旋到底。为了避免切屑过长而缠住丝锥，每转 1～2 转后要轻轻倒转 1/4 转，以便断屑和排屑。

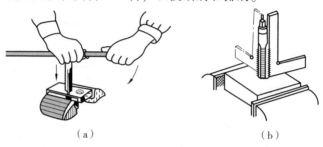

图 9-48　起扣方法
(a) 起扣；(b) 检查垂直度

(5) 用二锥攻螺纹时，先用手指将丝锥旋进螺纹孔，然后再用铰杠转动，旋转铰杠时不需加压。

(6) 攻螺纹时，可根据情况加切削液，以减少摩擦，提高螺纹加工质量。在钢料上攻螺纹时，要加浓乳化液或机油；在铸铁上攻螺纹时，可加些煤油。

9.6.2　套螺纹

1. 板牙和板牙架

如图 9-49 所示，板牙是加工外螺纹的刀具，由合金工具钢 9SiCr 制成并经热处理淬硬，其外形像一个圆螺母，上面钻有几个排屑孔，形成刀刃。板牙由切削部分、定径部分、排屑孔组成。排屑孔的两端有 60°的锥度，起主要切削作用，定径部分起修光作用。板牙的外圆有 1 条深槽和 4 个锥坑，锥坑用于定位和紧固板牙。当板牙的定径部分磨损后，可用片状砂轮沿槽将板牙切割开，借助调紧螺钉将板牙直径缩小。板牙装在板牙架上使用。板牙架是用于支撑板牙、传递转矩的工具。工具厂按板牙外径规格制造了各种配套的板牙架，供使用者选用。

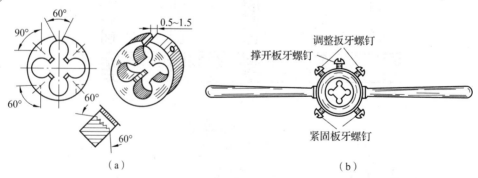

图 9-49　板牙与板牙架
(a) 板牙；(c) 板牙架

2. 套螺纹前圆杆直径的确定

圆杆外径太大，板牙难以套入；太小，套出的螺纹牙形不完整。因此，圆杆直径应稍小于螺纹公称尺寸。计算圆杆直径的经验公式为：

$$圆杆直径\ d \approx 螺纹大径\ D - 0.13P$$

式中：P——螺距，mm。

3. 套螺纹的操作方法

如图 9-50 所示，套螺纹的圆杆端部应倒角，使板牙容易对准工件中心，同时也容易切入。工件伸出钳口的长度，在不影响螺纹要求长度的前提下，应尽量短些。套螺纹过程与攻螺纹相似，板牙端面应与圆杆垂直，操作时用力要均匀。开始转动板牙时，要稍加压力，套入 3～4 扣后可只转动不加压，并经常反转，以便断屑。

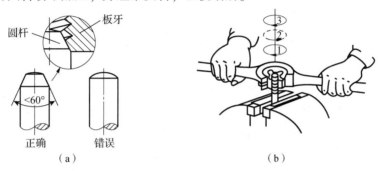

图 9-50　圆杆倒角和套螺纹
（a）圆杆倒角；（b）套螺纹

9.7　装配

9.7.1　装配概述

任何机器都是由许多零件组成的。将合格的零件按照规定的技术要求和装配工艺组装起来，并经调试使之成为合格产品的过程称为装配。

装配是机器制造的最后阶段，也是重要的阶段。装配质量的优劣对机器的性能和使用寿命有很大影响。组成机器的零件加工质量很好，若装配工艺不合理或装配操作不正确，也不能获得合格的产品。因此，装配在机器制造业中占有很重要的地位。

装配的零件包括：基本零件，如机座、床身、箱体、轴、齿轮等；通用零件或部件；标准件，如螺钉、螺母、接头、垫圈、销等；外购零件，如轴承、密封圈、电气元件等。

9.7.2　装配的组合形式及工艺过程

1. 装配的组合形式

装配过程可分为组件装配、部件装配和总装配。组件装配：以某一零件为基准零件，将若干个零件安装在上面构成组件，如轴系。部件装配：将若干个组件和零件装在另一个基准零件上面构成部件，如车床的主轴箱、进给箱等。总装配：将若干个部件、组件、零件共同安装在产品的基准零件上，总装成机器，如车床、铣床等。

2. 装配的工艺过程

装配前的准备阶段：研究和熟悉产品的装配图、工艺文件和技术要求，了解产品结构、工作原理、零件的作用以及装配连接关系；准备所需工具，确定装配的方法和顺序；对装配零件进行清理和清洗，去除油污和毛刺。装配工作阶段：按组件装配→部件装配→总装配依次进行。装配后进行调整、检验、试车。试车合格后，喷漆、涂油和装箱等。

9.7.3 装配实例

1. 螺纹连接件的装配

螺纹连接是机器装配中最常用的可拆连接，它具有装配简单、连接可靠、装拆方便等优点。装配要点如下：用螺钉、螺母连接零件时，应做到用手能自动旋入，然后再用扳手拧紧；用于连接螺钉、螺母的贴合表面要求平整光洁，端面应与连接件轴线垂直，使受力均匀；装配成组螺钉、螺母时，为保证零件贴合面受力均匀，应按一定顺序拧紧，如图 9-51 所示。每个螺母拧紧到 1/3 的松紧程度以后，再按 1/3 的程度拧紧一遍，最后依次全部拧紧，这样每个螺栓受力比较均匀，不致使个别螺栓过载。

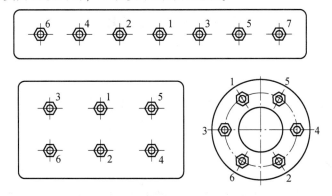

图 9-51　成组螺母拧紧的顺序

2. 键连接件的装配

键连接也属于可拆连接，常用于轴套类零件传动中，通过键来传递运动和扭矩。常用的键有平键、半圆键、楔键、花键等。图 9-52 为平键连接。

平键连接装配步骤：装配前，去除键槽边的毛刺，修配键侧和槽的配合，取键长并修锉两头。装配平键，在键配合面涂油，再将键轻轻地敲入轴槽内，并与槽底接触。按装配要求安装轴上配件。配件的键槽侧面与键侧面配合要符合要求，键的顶面与配件的槽底应留有间隙。

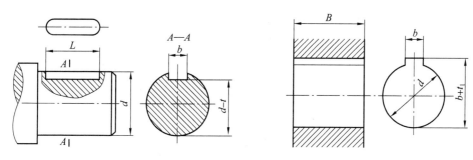

图 9-52 平键连接

3. 销连接件的装配

常见的销连接零件有圆柱销和圆锥销，主要用于定位和连接，如图 9-53 所示。销连接也属于可拆连接。

销连接件装配时，被连接的两孔需配钻、铰，并达到较高的精度。圆柱销用于固定零件、传递动力，装配时在销子上涂油，用铜棒轻轻敲入。圆柱销不宜多次装拆，否则会降低定位精度和连接的可靠性。圆锥销具有 1/50 的锥度，多用于定位以及经常拆卸的场合，装配时一般边铰孔边试装，以销钉能自由插入孔中的长度约占销总长的 80% 为宜，然后轻轻敲入。

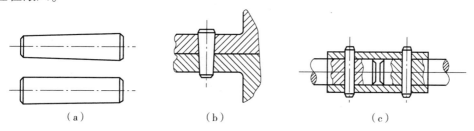

图 9-53 销连接及其作用

（a）圆柱销和圆锥销；（b）定位作用；（c）连接作用

4. 滚动轴承的装配

滚动轴承一般由外圈、内圈、滚动体和保持架组成，在一般情况下，滚动轴承内圈与轴、外圈与箱体或机架上的支撑孔配合。内圈随轴转动，外圈固定不动，因此内圈与轴的配合比外圈与支撑孔的配合更紧一些。滚动轴承的配合，一般是较小的过盈配合或过渡配合，常用铜锤或压力机压装。

装配时，为了使轴承圈均匀受压，常通过垫套施压，如图 9-54 所示。若将轴承压到轴上时，通过垫套压轴承内圈端面；若将轴承压到机床或箱体孔中，要压轴承外圈端面；若将轴承同时压到轴上和机体孔中，则内、外圈轴承端面同时施压。

如果轴承与轴有较大的过盈配合时，最好将轴承吊在温度为 80～90 ℃ 的机油中加热，然后趁热装入。

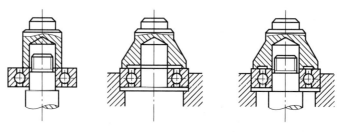

图 9-54　用垫套压装滚动轴承

5. 组件装配

图 9-55 为传动轴组件，它的装配顺序如下：选配键，然后将键轻敲入轴的键槽内；压装齿轮；放入垫套，压装右轴承；压装左轴承；将毡圈放入轴承盖的槽中，然后将轴承盖套入轴上。

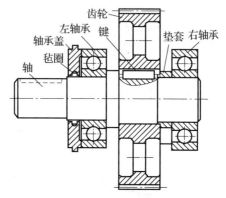

图 9-55　传动轴组件

9.8　典型综合件钳工实例

六角螺母如图 9-56 所示。

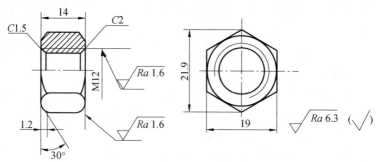

图 9-56　六角螺母（材料：45 钢）

制作六角螺母的操作步骤如表 9-1 所示。

表 9-1 制作六角螺母的操作步骤

操作序号	加工简图	加工内容	工具、量具
1	略	下料，材料为 45 钢、φ30 棒料、高度 16	钢直尺
2	（φ30，14）	锉两平面，锉平两端面，高度 $H=14$，要求平面平直，两面平行	锉刀、钢直尺
3	（φ14、27.7、24）	划线，定中心和划中心线，并按尺寸划出六角形边线和钻孔孔径线，打样冲眼	划针、划规、样冲、小手锤、钢直尺
4	（六角形1~6）	锉6个侧面，先锉平一面，再锉与之相对的平行侧面，然后锉其他4个面，在锉某一面时，一方面参照所划的线，同时用120°样板检查相邻两平面的交角，并用90°角尺检查6个角面与端面的垂直度。用游标卡尺测量尺寸，检验平面的平面度、直线度和两对面的平行度。平面要求平直，六角形要均匀对称，相对平面要求平行	锉刀、钢直尺、90°角尺、120°样板、游标卡尺
5	（30°、21.9、1.2、14、Ra 3.2）	锉曲面（倒角），按加工界线倒好两端圆弧角	锉刀
6		钻孔，计算钻孔直径。钻孔后用大于底孔直径的钻头进行孔口倒角，用游标卡尺检查孔径	钻头、游标卡尺
7		攻螺纹，用丝锥攻螺纹	丝锥、铰杠

思考与练习

1. 什么叫钳工工作？它包括哪些基本操作？
2. 划线工具有几类？如何正确使用？
3. 粗、中、细齿锯条如何区分？怎样正确选用？
4. 锉平工件的操作要领是什么？
5. 试分析钻孔、扩孔、铰孔3种方法的工艺特点，并说明3种孔加工之间的联系。
6. 什么叫攻螺纹？什么叫套螺纹？

第 10 章 数控技术

10.1 数控技术概述

随着科学技术的飞速发展和市场竞争的日趋激烈，工业产品的更新速度越来越快，多品种和中、小批量生产的比例明显增加。同时，随着航空工业、汽车工业和轻工业消费品生产的高速增长，复杂形状的零件越来越多，精度要求也越来越高。此外，激烈的市场竞争要求产品的研制生产周期越来越短，传统的加工设备和制造方法已经难以适应这种多样化、柔性化与复杂形状零件的高效、高质量加工要求。因此，近几十年来，世界各国十分重视发展能有效解决复杂、精密、小批、多变零件加工的数控技术。

数控技术是制造业实现自动化、柔性化、集成化生产的基础，现代的计算机辅助设计与制造（CAD/CAM）、柔性制造系统、计算机集成制造系统等，都是建立在数控技术基础上的。离开数控技术，先进制造技术就成了无本之木。同时，数控技术也关系到国家战略地位，是体现国家综合国力水平的核心因素之一，其水平高低也是衡量一个国家制造业现代化程度的核心标志。实现加工机床及生产过程数控化，已经成为当今制造业的发展方向。专家们预言：机械制造的竞争，其实质是数控的竞争。

10.1.1 数控机床的分类

数控技术是在数控机床上展现的。数控机床的品种、规格繁多，分类方法也很多。根据数控机床的功能和结构，一般可以按照下面原则进行分类。

1. 按加工工艺方法分类

1）普通数控机床

为了适应不同的工艺需要，与传统的通用机床一样，普通数控机床有数控车床、铣床、钻床、镗床及磨床等，而且每一类又有很多品种，如数控铣床就有立铣、卧铣、工具铣及龙门铣等，这类机床的工艺性能与通用机床相似，所不同的是它们能自动加工精度更高、形状更复杂的零件。

2）数控加工中心

数控加工中心是带有刀库和自动换刀装置的数控机床。典型的数控加工中心有镗铣加工中心和车削加工中心。数控加工中心又称为多工序数控机床。在数控加工中心上，可使零件一次装夹后，进行多种工艺、多道工序的集中连续加工，大大减少了机床台数；由于减少了装卸工件、更换和调整刀具的辅助时间，从而提高了机床效率；同时由于减少了多次安装造成的定位误差，从而提高了各加工面之间的位置精度。因此，近年来数控加工中心得以迅速发展。

3) 多坐标数控机床

有些复杂形状的零件，用三坐标的数控机床还是无法加工，如螺旋桨、飞机机翼曲面等复杂零件的加工，就需要三个以上坐标的合成运动才能加工出所需的曲面形状。于是出现了多坐标联动的数控机床，其特点是数控装置能同时控制的轴数较多，机床结构也较复杂。坐标轴数的多少取决于加工零件的复杂程度和工艺要求，现在常用的有四、五、六坐标联动的数控机床。

4) 数控特种加工机床

除了切削加工数控机床以外，数控技术也大量用于数控电火花线切割机床、数控电火花成型机床、数控等离子弧切割机床、数控火焰切割机床及数控激光加工机床等特种加工机床。

2. 按照机床运动的控制轨迹分类

根据数控机床刀具与工件相对运动轨迹的类型，可以将数控机床划分为点位控制、点位直线控制和轮廓控制3种类型。

1) 点位控制数控机床

这类机床主要有数控钻床、数控镗床、数控冲床等，其特点是机床移动部件在移动中不进行加工，只要求以最快的速度从一点移动到另一点，并准确定位。至于点与点之间的移动轨迹（路径与方向），并无严格要求，各坐标轴之间的运动也不相关联。

2) 点位直线控制数控机床

这类机床是在点位控制基础上，不仅要控制两相关点之间的位置（即距离），还要控制两相关点之间的移动速度和路线（即轨迹）。其路线一般由与各坐标轴平行的直线段组成。

这类机床有2~3个可控轴，但可同时控制轴只有1个。这类机床主要有简易数控车床、数控镗铣床和数控加工中心等。

3) 轮廓控制数控机床

轮廓控制数控机床也称为连续控制数控机床，其特点是能够对两个或两个以上运动坐标的位移和速度同时进行连续相关控制，使刀具与工件间的相对运动符合工件加工轮廓的型面要求。在这类控制方式中，要求数控装置具有插补运算功能，即根据加工程序输入的基本数据（如直线的终点坐标、圆弧的终点坐标和圆心坐标或半径等），通过数控系统的插补运算器进行数学处理，把实现直线或曲线加工的相关坐标点计算出来，并边计算、边根据计算结果控制两个或两个以上坐标轴协调运动。这类机床主要有数控车床、数控铣床和电加工机床等。

对于轮廓控制数控机床，根据同时控制坐标轴的数目，还可以分为两轴联动、两轴半联动、三轴联动、四轴联动或五轴联动等。

(1) 两轴联动同时控制两个坐标轴，实现二维直线、斜线和圆弧等曲线的轨迹控制，如图10-1所示。

（2）两轴半联动控制用于三轴以上机床的简化控制，其中两个轴为联动控制，而另一个轴做周期调整进给，如图10-2所示，在两轴半联动数控铣床上用球头铣刀对三维空间曲面用行切法进行加工，其中球头铣刀在 XZ 平面内进行插补控制以铣削曲线，每加工完一段后，移动 ΔY，Y 轴是调整坐标轴。

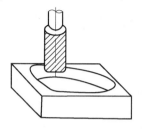
图10-1　两轴联动加工

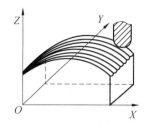
图10-2　两轴半联动数控铣床行切法加工

（3）三轴联动同时控制 X、Y、Z 3个直线坐标轴联动，如图10-3所示。或控制 X、Y、Z 中两个直线坐标轴和绕其中某一直线坐标轴做旋转运动的另一坐标轴。例如，车削加工中心除了纵向（Z 轴）、横向（X 轴）两个直线坐标轴外，还同时控制绕 Z 轴旋转的主轴（C 轴）联动。

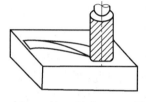
图10-3　三轴联动加工

（4）四轴联动或五轴联动。在某些复杂曲面的加工中，为了保证加工精度或提高加工效率，铣刀的侧面或端面应该始终与曲面贴合，这就需要铣刀轴线位于曲线或曲面的切线或法线方向，为此，除需要 X、Y、Z 3个直线坐标轴联动外，还需要同时控制3个旋转坐标 A、B、C 中的一个或两个，使铣刀轴线围绕直线坐标轴摆动，形成四轴联动或五轴联动，如图10-4和图10-5所示。

图10-4是四轴联动加工，所示的飞机大梁的加工表面是直纹扭曲面，若采用球头铣刀三坐标联动加工，不但生产效率低，而且加工表面质量差，为此可以采用四轴联动的圆柱铣刀周边切削方式。除了3个移动坐标联动外，为了保证刀具与工件型面在全长上始终接触，刀具轴线还要同时绕移动坐标轴 X 摆动，即做 A 坐标运动。

如果要加工如图10-5所示的异形凸台，为了保证铣刀的周边与曲面的侧面重合，除了3个移动坐标联动外，圆柱铣刀的轴线必须沿着 A、B 坐标做绕 X 轴和 Y 轴的旋转运动。

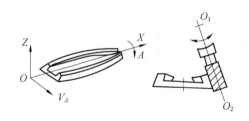
图10-4　四轴联动加工

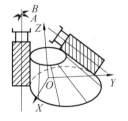
图10-5　五轴联动加工

3. 按照伺服控制方式分类

数控机床伺服驱动控制方式很多，主要有开环控制、闭环控制和半闭环控制3种类型。

1）开环控制数控机床

这类机床的伺服进给系统中，没有位移检测反馈装置，如图10-6所示。数控装置的控制指令直接通过驱动装置控制步进电动机的运转，然后通过机械传动系统转化成刀架或工作台的位移。这种控制系统由于没有检测反馈校正，所以位置精度一般不高，但其控制方便、结构简单、价格便宜，在我国广泛用于经济型数控机床或旧设备的数控改造中。

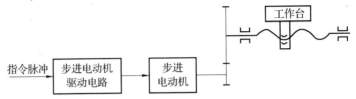

图 10-6　开环控制数控机床的系统框图

2）闭环控制数控机床

闭环控制数控机床是在机床移动部件上直接安装直线位移检测装置，直接对工作台的实际位移进行检测，将测量的实际位移值反馈到数控装置中，与输入的指令位移值进行比较，用差值对机床进行控制，使移动部件按照实际需要的位移量运动，最终实现移动部件的精确运动和定位。图 10-7 为闭环控制数控机床的系统框图。这种控制方式是直接检测校正，位置控制精度很高，但由于它将丝杠螺母副和机床工作台等这些大惯量环节放在闭环之内，因此系统稳定性受到影响，调试困难，且结构复杂、价格昂贵。

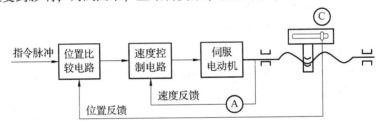

图 10-7　闭环控制数控机床的系统框图

3）半闭环控制数控机床

半闭环控制数控机床是在伺服电动机的轴或数控机床的传动丝杠上装有角位移检测装置（如光电编码器等），通过检测丝杠的转角间接地检测移动部件的实际位移，然后反馈到数控装置中去，并对误差进行修正。图 10-8 为半闭环控制数控机床的系统框图。

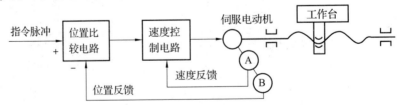

图 10-8　半闭环控制数控机床的系统框图

这种控制方式由于将丝杠螺母副和机床工作台等大惯量环节排除在闭环控制系统外，不能补偿它们的运动误差，因此控制精度受到影响，但系统稳定性有所提高，调试比较方便，价格也较全闭环系统便宜。

10.1.2 数控机床的特点

1. 具有高度柔性

在数控机床上加工零件，主要取决于加工程序，它与普通机床不同，不必制造、更换许多工具、夹具，不需要经常调整机床。因此，数控机床适用于零件频繁更换的场合。也就是适合单件、小批量生产及新产品的开发，缩短了生产准备周期，节省了大量工艺设备的费用。

2. 加工精度高

数控机床的加工精度，一般可达到 0.005~0.1 mm，数控机床是按数字信号形式控制的，数控装置每输出一个脉冲信号，则机床移动部件就移动一个脉冲当量（一般为 0.001 mm），而且机床进给传动链的反向间隙与丝杠螺距平均误差可由数控装置进行补偿，因此，数控机床定位精度比较高。

3. 加工质量稳定、可靠

加工同一批零件，在同一机床、相同加工条件下，使用相同刀具和加工程序，刀具的进给轨迹完全相同，零件的一致性好，质量稳定。

4. 生产率高

数控机床可有效减少零件的加工时间和辅助时间，其主轴转速和进给量的范围大，允许机床进行大切削量的强力切削。数控机床目前正进入高速加工时代，其移动部件的快速移动、定位及高速切削加工，减少了半成品的工序间周转时间，提高了生产率。

5. 改善劳动条件

数控机床加工前应调整好，输入程序并启动，机床就能自动连续地进行加工，直至加工结束。数控机床极大降低了劳动强度，也使操作者的劳动趋于智力型工作。另外，机床一般是封闭式加工，既清洁，又安全。

6. 利于生产管理

现代化数控机床的加工，可预先精确估计加工时间，所使用的刀具、夹具可进行规范化、现代化管理。目前已与 CAD/CAM 有机地结合起来，是现代集成制造技术的基础。

10.2 数控系统

数控系统是数字控制系统的简称，计算机数控（Computeized Numerical Control，CNC）系统是用计算机控制加工功能，实现数字控制的系统。CNC 系统是根据计算机存储器中存储的控制程序，执行部分或全部数字控制功能，并配有接口电路和伺服驱动装置，用于控制自动化加工设备的专用计算机系统。数控机床一般由机床主体（机械系统）、控制部分（CNC 系统）、伺服系统及辅助装置等组成。

10.2.1 机床主体

机床主体是指数控机床的机械结构实体，包括床身、导轨、主轴箱、工作台、进给机构等。数控机床主体结构有以下特点：

（1）由于采用高性能的主轴及伺服传动系统，数控机床的机械传动结构大为简化，传动链较短，如主轴变速箱是采用无级变速、分段无级变速、内置主轴变速。

（2）为适应连续自动化加工，数控机床具有较高的动态刚度和阻尼精度、较高的耐磨性而且热变形小。

（3）为减少摩擦，提高精度，更多地采用高效传动部件，如滚珠丝杠副和贴塑导轨、滚动导轨、静压导轨等。

10.2.2 控制部分

CNC系统是数控机床的控制核心，一般是一台机床专用计算机，包括输入装置、CPU（包括运算器、控制器、存储器及寄存器等）、显示器（监视器）和输出装置。其功能是将输入的各种信息，经CPU计算处理后再经输出装置向伺服系统发出相应的控制信号，由伺服装置带动机床按预定轨迹、速度及方向运动。

1. CNC系统基本工作内容

（1）输入。输入内容有零件程序、控制参数、补偿数据。输入形式由键盘输入、磁盘输入、光盘输入、计算机传送等。

（2）译码。目前是将程序段中的各种信息，按一定语法规则解释成数控装置能识别的语言，并以一定的格式存放在指定的内存专用区间。

（3）刀具补偿。包括刀具位置补偿、刀具长度补偿、刀具半径补偿。

（4）进给速度处理。编程所给定的刀具移动速度是加工轨迹切线方向的速度。进给速度处理就是将其分解成各运动坐标方向的分速度。

（5）插补。当进给轨迹为直线或圆弧时，数控装置则在线段的起点、终点坐标之间进行"数据点的密化"，即插补，向坐标轴输出脉冲数，保证各个坐标轴同时运动到线段的终点坐标，这样数控机床能够加工需要的直线或圆弧轮廓。一般CNC系统能对直线、圆弧进行插补运算及一些专用曲线插补运算。常用的插补方法有逐点比较插补法、数字积分插补法、时间分割插补法等。

（6）位置控制。在CNC系统中通过检测反馈系统，在每个采样周期内，把插补运算得到的理论位置与实际反馈位置相比，用其差值去控制进给电动机。检测反馈系统可分为半闭环和闭环两种，闭环检测反馈系统在机床传动控制系统装有测量元件，检测机床工作台的实际位移，并反馈给数控装置，与理论位置进行比较，及时发出位置补偿命令，使工作台精确到达指令位置，其测量元件一般装在传动系统的末端元件上。

2. CNC系统分类

可以按照运动轨迹，把CNC系统分为以下几类：

（1）点位控制数控系统。这类系统控制工具相对工件从某一加工点移到另一个加工点的精确坐标位置，对于点与点之间移动的轨迹不进行控制，且移动过程中不做任何加工。使用此类数控系统的设备有数控钻床、数控坐标镗床和数控压力机等。

（2）直线控制数控系统。这类系统不仅要控制点与点的精确位置，还要使两点之间的工具移动轨迹为一条直线，且在移动中工具能以给定的进给速度进行加工，其辅助功能要求也比点位控制数控系统多，如它可能被要求具有主轴转速控制、进给速度控制和刀具自动交换等功能。使用此类控制方式的设备有简易数控车床、数控镗铣床等。

（3）轮廓控制数控系统。这类系统能够对两个或两个以上坐标方向进行严格控制，即不仅控制每个坐标的行程位置，同时还控制每个坐标的运动速度。各坐标的运动按规定的比例关系相互配合，精确地协调起来连续进行加工，以形成所需要的直线、斜线、曲线或曲面。使用此类控制方式的设备有数控车床、铣床、加工中心、电加工机床和特种加工机床等。

10.2.3 伺服系统

伺服系统是数控系统和机床主体之间的电传动联系环节。其主要由伺服电动机、驱动控制系统、位置检测与反馈装置等组成。伺服电动机是执行元件，驱动控制系统则是伺服电动机的动力源。数控系统发出的指令信号经位置反馈信号确认后作为位移指令，再经过驱动系统的功率放大后，驱动电动机运转，通过机械传动装置带动工作台或刀架运动。

10.2.4 辅助装置

辅助装置主要包括自动换刀装置（Automatic Tool Changer，ATC）、自动交换工作台机构（Automatic Pallet Changer，APC）、工件夹紧放松机构、回转工作台、液压控制系统、润滑装置、冷却装置、排屑装置、过载和保护装置等。

10.3 数控编程

10.3.1 数控加工与传统加工过程的比较

无论是数控机床加工还是普通机床加工，最终的目的都是按图纸的要求将零件加工出来，但加工的过程是有很大区别的。

在普通机床上加工零件，一般先由工艺人员制订零件的加工工艺规程（加工工序、机床、刀具、夹具等内容），操作人员根据工序卡的要求，在手工操作机床加工过程中，不断地改变刀具与工件的相对运动轨迹和运动参数进行切削加工，直到获得所需的合格零件。零件的质量及生产效率依赖于操作人员的技术水平。

在数控机床上，操作人员将零件图上的几何信息和工艺信息数字化（即编制零件程序），并输入到数控系统中，数控系统按程序的要求进行运算、处理后发出相应的指令，控制实现刀具与工件的相对运动及其他辅助动作，自动完成零件的加工。由于人工操作过程被数控系统取代，零件的质量及生产效率取决于零件程序的编制。

10.3.2 数控编程的方法

使用数控机床加工零件时，首先要进行程序编制，简称编程。所谓编程，就是将加工零件的加工顺序、刀具运动轨迹的尺寸数据、工艺参数（主运动和进给运动速度、切削深度等）以及辅助操作（换刀，主轴的正、反转，切削液的开、关，刀具夹紧、松开等）的加工信息，用规定的文字、数字、符号组成代码，按一定格式编写成加工程序。数控机床程序编制主要包括零件分析、工艺处理、数学处理、编写零件程序和程序校验等过程。

数控编程的方法可分成手工编程和自动编程两类。

1. 手工编程

从零件图分析、工艺处理、数值计算、编写程序单、制作控制介质直到程序校验等各个阶段均由人工完成的编程方法，称为手工编程。

对于几何形状不太复杂的零件，数值计算较为简单，所需的程序段不多，程序编制容易实现。这时用手工编程较为经济而且及时。因此，手工编程被广泛用于点位加工和形状简单的轮廓加工中。

但是，下列情况不适合用手工编程：

（1）形状较复杂的零件，特别是由非圆曲线、空间曲线等几何元素组成的零件；

（2）几何元素并不复杂但程序量很大的零件，如在一个零件上有数百甚至上千个孔；

（3）当铣削轮廓时，数控装置不具备刀具半径自动补偿功能，而只能以刀具中心的运动轨迹进行编程的情况。

2. 自动编程

由计算机完成程序编制中的大部分或全部工作的编程方法，称为自动编程。

在自动编程中，编程人员只需按零件图纸的要求，将加工信息输入到计算机中，计算机在完成数值计算和后置处理后，编制出零件加工程序单，或将加工程序直接以通信方式送入数控装置。所编制的加工程序还可通过计算机或自动绘图仪进行刀具运动轨迹的检查。

数控加工的自动编程，一般有数控语言型编程、人机交互图形编程和数字化编程3种类型。

1）数控语言型编程

数控语言型编程采用某种高级语言，对零件几何形状及走刀线路进行定义，由计算机完成复杂的几何运算，或通过工艺数据库对刀具、夹具及切削用量进行选择。这是早期计算机自动编程的主要方法。比较著名的数控编程系统，有 APT（Automatically Programmed Tools）系统及其小型化版本如 EXAPT，FATP 等，这种方法在我国普及率较低，已逐渐被人机交互图形编程所取代。

2）人机交互图形编程

人机交互图形编程直接利用计算机辅助设计系统所生成的零件图像，利用图形屏幕的光标在零件图形上选择加工部位，定义走刀路线，输入有关工艺参数后，便自动生成数控加工程序，而且还可方便地进行图形仿真检验。其具有直观、高效，能实现信息集成等优点。许多商业化的 CAD/CAM 软件都具有这种功能。常用数控加工程序的人机交互图形编程软件有 UG，PRO/E，CAXA-ME，Master CAM 等。

3）数字化编程

数字化编程用测量机或扫描仪对零件图纸或实物的形状和尺寸进行测量或扫描，然后经计算机处理后自动生成数控加工程序。这种方法十分方便，但成本较高，仅用于一些特殊场合。

10.3.3　程序编制步骤

零件程序编制包括以下5个主要步骤。

1. 分析零件图纸

零件程序编制工作一般从分析零件图纸入手，根据零件的材料、形状、尺寸、精度、毛坯形状和热处理要求等确定加工方案，选择合适的数控机床，从而确定零件的哪几道工序适合在所选定的数控机床上加工。

2. 工艺处理

工艺处理除了确定加工方案等一般工艺规程设计内容外，还要正确选择工件坐标原点，确定机床换刀点，选择合理的走刀路线等具体工作内容。

（1）确定加工方案。包括选择合适的数控机床，选择或设计夹具及工件装夹方法，合理选择刀具及切削用量等，这些内容与普通机床的零件加工工艺设计的内容基本相似。

（2）正确选择工件坐标原点。也就是建立工件坐标系，确定工件坐标系与机床坐标系的相对尺寸，便于刀具轨迹和有关几何尺寸的计算，并且要考虑零件形位公差的要求，避免产生累积误差等。

（3）确定机床的对刀点和换刀点。对刀点是指在数控机床上加工零件时，刀具相对零件运动的起始点。对刀点应选择在对刀方便、编程简单的地方，要便于对刀点检测与刀具轨迹的计算。数控车床、铣床或加工中心等常需换刀，故编程时还要设置一个换刀点。换刀点应设在工件的外部，避免换刀时与工件及相关部件产生干涉、碰撞，同时又要尽量减少换刀时的空行程距离。

（4）选择合理的走刀路线。所谓走刀路线就是整个加工过程中刀具相对工件的具体运动轨迹，包括刀具快速接近与退出加工部件时的空行程轨迹和切削加工轨迹，是对刀具与工件间相对运动过程的全面与具体的描述，十分重要。选择走刀路线时应尽量缩短走刀路线，减少空行程，提高生产率；保证加工零件的精度和表面粗糙度要求；有利于简化数值计算、减少程序段数目和编程工作量。

（5）确定有关辅助功能。如切削液的启、停要求，确定加工中对重要尺寸的自动或停机检测等。

3. 数学处理

所谓数学处理，是根据零件图纸，按已确定的走刀路线和允许的编程误差，计算出数控编程所需要的数据，主要有基点计算、节点计算、列表曲线的拟合、复杂三维曲线或曲面的坐标运算等内容。此外，对于无刀具补偿功能的 CNC 系统，不仅要计算平面加工时的刀具中心轨迹，还要计算廓型加工时的刀具中心轨迹。随着各种 CAD/CAM 软件的推广普及，现在的数学处理已很少采用手工方式，完全可以在 CAD/CAM 软件支持下人机交互或自动完成。

4. 编制加工程序清单

在完成工艺处理和数值计算工作后，便可根据数控系统的加工指令代码和程序段格式，逐段编写出零件加工程序清单。多数数控系统的基本数控加工指令和程序段格式尚未做到完全标准化，因此编写具体数控系统的加工程序时，还必须严格参照有关编程说明书进行，以编写出正确的加工程序。

5. 程序的输入、校验与首件试切

早期的数控加工程序要制成穿孔带后作为数控机床的控制介质，目前的数控加工程序大多在 MDI 的方式下利用数控面板的键盘输入到数控系统的存储器中，在输入过程中，系统要进行一般的语法检验。程序应进行空运行检验或图形仿真检验，发现错误要进行修改，最后进行首件试切，试切不仅可以确认程序的正确与否，还可知道加工精度是否符合要求。在已加工零件被检测无误后，数控编程工作才算正式结束。数控程序也可在其他编程计算机上完成，通过串行接口由编程计算机输入数控系统，或通过软盘输入。

10.4　数控机床坐标系

10.4.1　数控机床坐标系的确定

为了确定机床的运动方向和移动的距离，要在机床上建立一个坐标系，这个坐标系就是机床标准坐标系。在编制程序时，以该坐标系来规定运动的方向和距离。数控机床的坐标系包括坐标原点、坐标轴和运动方向。

数控机床上的坐标系是右手笛卡儿坐标系。如图 10-9 所示，大拇指的方向为 X 轴的正方向，食指为 Y 轴的正方向，中指为 Z 轴正方向。右手笛卡儿坐标系规定直角坐标系 X、Y、Z 三轴正方向用右手定则判定，围绕 X、Y、Z 各轴的旋转运动及其正方向用右手螺旋定则判定，拇指指向 X、Y、Z 轴的正方向，四指弯曲的方向为对应各轴的旋转正方向，并分别用 $+A$、$+B$、$+C$ 来表示。直角坐标系 X、Y、Z 又称为主坐标系或第一坐标系。如有第二组坐标和第三组坐标平行于 X、Y、Z，则分别指定为 U、V、W 和 P、Q、R。

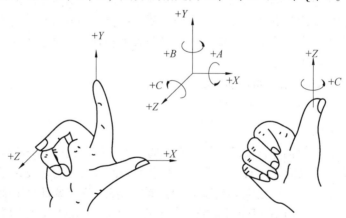

图 10-9　右手笛卡儿坐标系

1. 坐标轴及其运动方向

规定数控机床坐标轴和运动方向，是为了准确地描述机床运动，简化程序的编制，并使所编程序具有互换性。国际标准化组织目前已经统一了标准坐标系，我国也颁布了相应的标准（JB 3051—82），对数控机床的坐标和运动方向作了明文规定。

运动方向命名的原则：不论数控机床加工零件时是工件静止、刀具运动，还是刀具静止、工件运动，都假定工件不动，刀具相对于静止的工件运动。

机床坐标系 X、Y、Z 轴的判定顺序为：先 Z 轴，再 X 轴，最后按右手定则判定 Y 轴。增大刀具与工件之间距离的方向为坐标轴运动的正方向。

2. 坐标轴的判定方法

1）Z 轴

平行于机床主轴轴线的坐标轴为 Z 轴，如果机床有一系列主轴或没有主轴的机床，则尽可能选垂直于工件装夹面的主轴为 Z 轴，其正方向定义为从工作台到刀具夹持的方向，即刀具远离工作台的运动方向。不同机床的坐标轴如图 10-10～图 10-13 所示。坐标轴（+X、+Y、+Z、+A、+B、+C）中不带"′"的表示刀具相对工件运动的正方向，带"′"的表示工件相对刀具运动的正方向。

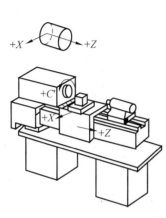

图 10-10 数控车床的坐标轴

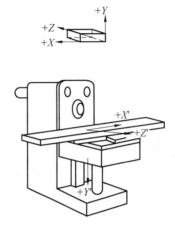

图 10-11 数控卧式升降台铣床的坐标轴

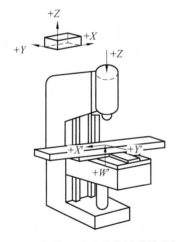

图 10-12 数控立式升降台铣床的坐标轴

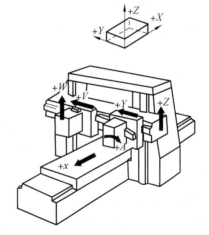

图 10-13 数控龙门铣床的坐标轴

2）X 轴

平行于工件装夹平面的坐标轴为 X 轴，它一般是水平的，以刀具远离工件的运动方向为 X 轴的正方向。

X 轴为水平方向，且垂直于 Z 轴并平行于工件的装夹面，如图 10-10 所示。

当 Z 轴为水平时，沿刀具主轴后端向工件方向看，向右的方向为 X 的正方向，如图 10-11 所示。

当 Z 轴是垂直时，从主轴向立柱看，对于单立柱机床，X 轴的正方向指向右边（见图

10-12）；对于双立柱机床，当从主轴向左侧立柱看时，X 轴的正方向指向右边（见图 10-13）。上述正方向都是刀具相对工件运动而言。

3）Y 轴

Y 轴垂直于 X、Z 轴，当 X、Z 轴确定之后，按笛卡儿直角坐标右手定则判断 Y 轴及其正方向。

4）旋转运动 A、B、C 轴

旋转运动 A、B 和 C 轴的轴线平行于 X、Y 和 Z 轴，其旋转运动的正方向按右手螺旋定则判定。

10.4.2 机床原点和机床参考点

在数控机床上加工零件时，刀具与零件的相对运动，必须在确定的坐标系中才能按规定的程序进行加工，有关机床坐标系中的一些特殊位置点如下所述。

1. 机床原点

机床坐标系是机床固有的坐标系，机床坐标系的原点称为机床原点或机床零点，在机床经过设计、制造和调整后，这个原点便被确定下来，它是一个固定的点。在数控车床上，机床原点一般取在卡盘端面与主轴中心线的交点处。在数控铣床上，机床原点一般取在 X、Y、Z 坐标的正方向极限位置上，如图 10-14 所示。

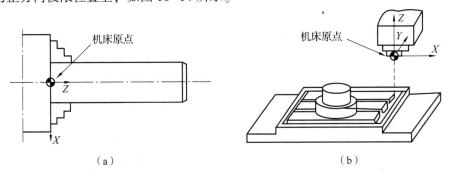

图 10-14 数控车床、数控铣床的机床原点
（a）数控车床的机床原点；（b）数控铣床的机床原点

2. 机床参考点

数控系统上电后并不知道机床原点在哪里。为了工作时正确地建立机床坐标系，通常在每个坐标轴的移动范围内设置一个机床参考点。机床参考点的位置是由机床制造厂家在每个进给轴上用限位开关精确调整好的。机床启动时，通常要进行回参考点操作，建立机床坐标系。机床参考点可以与机床原点重合，也可以不重合，但参考点对机床原点的坐标必须是一个已知数。通过参数指定机床参考点到机床原点的距离，当机床回到参考点位置时，数控系统就知道了机床坐标系原点的位置，也就建立了机床坐标系。图 10-15 描述了数控车床参考点与机床原点的关系。

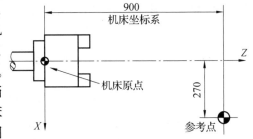

图 10-15 数控车床参考点与机床原点的关系

10.4.3　工件坐标系和工件原点

1. 工件坐标系

工件坐标系是编程人员在编程时使用的，由编程人员选择工件上的某一已知点为原点建立的坐标系。确定工件坐标系时不必考虑工件毛坯在机床上的实际装夹位置，但工件坐标系中各轴的方向应该与所使用的数控机床相应的坐标轴方向一致。

2. 工件原点

工件原点即工件坐标系原点，也称程序原点或编程原点，工件坐标系原点的确定要尽量满足编程简单、尺寸换算少、引起的加工误差小等条件。一般应选择在零件的设计基准、工艺基准或精度要求较高的表面上；对于几何元素对称的零件，工件原点一般设在零件的对称中心上；Z 轴方向的原点一般设在零件的上表面。

编程时，以零件图上所选择的某一点为原点建立坐标系，编程尺寸均按工件坐标系中的尺寸给定，以工件坐标系进行编程。

10.4.4　工件坐标系和机床坐标系的关系

工件坐标系的设定，实际上是在机床坐标系中建立工件坐标系。使刀具在工件坐标系中沿工件的编程轨迹运动，实现零件的切削加工。

当工件在机床上固定以后，工件原点与机床原点也就有了确定的位置关系，即两坐标原点的偏差就已确定。该偏差值可以预存在数控系统内或编写在加工程序中，在加工时工件原点与机床原点的偏差值便自动加到工件坐标系上，这个偏差值通常是由机床操作者在手动操作下，通过对刀方式测量的。运行时即可实现工件原点向机床原点的偏移，使两点重合，实现零件的自动加工。

10.5　数控加工程序的结构与格式

10.5.1　程序格式

一个完整的数控加工程序由程序号和程序段构成，每个程序段由顺序排列的功能字或指令代码构成。功能字一律由字母及其后续的数字组成，称为字地址格式。一个大型的程序还可由主程序和子程序构成。可将重复出现的控制功能编写成子程序，供主程序执行或调用，以便简化程序设计，子程序执行过程中也可调用其他子程序，形成子程序嵌套。

GB/T 8870.1—2012 对零件加工程序的结构与格式已做了具体规定，该标准的规定完全符合国际惯例。

一个完整的加工程序一般由程序名、程序主体和程序结束 3 个部分组成，示例如下。

```
O1000                   程序名
N10 G54 M03 S500;       程序主体
N20 G91 X0 Y0 Z0;
...
```

N150 M30; 程序结束

1. 程序名

程序名是程序的开始部分。每个独立的程序都有一个自己的程序名称。系统不同程序名的表示方法不同，使用时须查阅相关数控系统编程说明书。

2. 程序主体

程序主体是整个程序的核心，由若干程序段组成，包含机床加工前的状态要求和刀具加工零件时的运动轨迹，表示数控机床要完成的全部动作。一般常用程序段号来区分不同的程序段，程序段号是可选项，一般只在重要的程序段前书写，以便检索或作为条件转移的目标及子程序调用的入口等。

3. 程序结束

程序结束指令在程序最后一行，表示运行完所有程序指令后，主轴停止，进给停止，切削液关闭，机床处于复位状态。一般用 M02 或 M30 表示。

除上述零件程序的正文部分外，有些数控系统可在每个程序段后用程序注释符加入注释文字，如括号内或分号后的内容为注释文字。

10.5.2 程序段格式

加工程序由程序段组成，程序段由信息字组成。所谓程序段格式就是指信息字的特定排列方式。程序段由顺序号字、功能字、尺寸字等组成，不同数控系统有不同的程序段格式。格式不符合规定，数控装置就会报警，不执行。程序段中不同的指令字符及其后续数值确定了每个指令字的含义。数控程序段中包含的主要指令字符如表 10-1 所示。

表 10-1 数控程序段中包含的主要指令字符

功能	指令字符	意义
零件程序号	%	程序编号 %1~4294967295
程序段号	N	程序段编号 N0~4294967295
准备功能	G	指令动作方式 G00~G99
尺寸字	X、Y、Z A、B、C U、V、W	坐标轴的移动命令 ±99999.999
	R	圆弧的半径，固定循环的参数
	I、J、K	圆心相对于起点的坐标，固定循环的参数
进给速度	F	进给速度的指定 F0~24000
主轴功能	S	主轴旋转速度的指定 S0~9999
刀具功能	T	刀具编号的指定 T0~99
辅助功能	M	机床侧开/关控制的指定 M0~M99
补偿号	H、D	刀具补偿号的指定 00~99

续表

功能	指令字符	意义
暂停	P、X	暂停时间的指定（s）
程序号的指定	P	子程序号的指定 P1～4294967295
重复次数	L	子程序的重复次数，固定循环的重复次数
参数	P、Q、R	固定循环的参数

程序段格式是指令字在程序段中排列的顺序，常见程序段格式如表 10-2 所示。

表 10-2　常见程序段的格式

1	2	3	4	5	6	7	8	9	10	11
N_	G_	X_ U_ Q_	Y_ V_ P_	Z_ W_ R_	I_J_ K_ R_	F_	S_	T_	M_	;
程序段号	准备功能	尺寸字				进给功能	主轴功能	刀具功能	辅助功能	结束符号

（1）程序段号（又称顺序号），用以识别程序段的编号。用指令字符 N 和后面的若干位数字来表示。例如：N20 表示该语句的顺序号为 20。

（2）准备功能（简称 G 功能），是使数控机床执行某种操作的指令，用指令字符 G 和两位数字来表示，从 G00～G99 共 100 种。

（3）尺寸字，由指令字符、代数符号（在要求代数符号时）及绝对（或增量）尺寸的数字数据构成。尺寸字的指令字符有 X、Y、Z、U、V、W、P、Q、R、A、B、C、I、J、K、D、H 等。例如：X20 Y-40，尺寸字的"+"可省略。

（4）进给功能 F，表示刀具中心运动时的进给速度。由进给指令字符 F 及数字组成，数字的单位取决于每个数控系统所采用的进给速度的单位，mm/min 或 mm/r。编程时参见所用的数控机床编程说明书。

（5）主轴功能 S，由主轴指令字符 S 及数字组成，数字表示主轴转速，单位为 r/min，恒线速度功能时 S 指定切削线速度，单位为 m/min。

（6）刀具功能 T，由指令字符 T 和数字组成，数字是指定的刀号，数字的位数由所用系统决定。例如：T04 表示第 4 号刀。

（7）辅助功能（简称 M 功能），表示一些机床辅助动作的指令，由辅助操作指令字符 M 和两位数字组成，从 M00～M99 共 100 个。

（8）结束符号，写在每一程序段之后，表示程序段结束。用 ISO 标准代码时为"NL"或"LF"，也可以用符号"；"表示，也可不用任何符号，使用时具体参见说明书。

需要说明的是，数控机床的指令格式在国际上有很多格式标准规定，它们之间并不完全一致。随着数控机床的发展，数控系统不断改进和创新，其功能更加强大并且使用方便。但在不同的数控系统之间，程序格式上存在一定的差异，因此，在具体掌握某一数控机床时要仔细了解其数控系统的编程格式。

10.5.3 准备功能与辅助功能

1. 准备功能

准备功能又称为 G 功能或 G 指令，用以设定工件坐标系、机床加工方式或控制方式，是数控程序的基础。JB 3208—1983 对 G 功能做了具体规定，并与国际标准 ISO 1056—1975（E）基本一致，见附录 1。

从附录 1 中可见，有的 G 指令为不指定或永不指定等情况，其功能可由数控系统设计者自行规定，因此不同数控系统的 G 指令仍会存在差异，编程中必须注意。

G 指令分模态方式和非模态方式，所谓模态方式 G 指令是指附录 1 中第二个栏目中有字母 a、b、c、d、f、h、i、k、j 的指令，具有相同字母标识的 G 指令属于一个组。这种 G 指令一旦设定，其功能在后续程序段中保持有效，指令不必重写，直至被同组中其他指令所代替或被注销。非模态方式的 G 指令仅在其出现的单个程序段中有效，这类指令在附录 1 中用＊号标识。在该栏中用#号标识的指令为不指定或永不指定，有#（d）的指令可被有 d 或（d）的指令所代替或注销。

2. 辅助功能

辅助功能也称 M 功能或 M 指令，用以表示数控机床工作中的有关辅助开关动作（或状态），如程序停止、结束、主轴启停和转向、切削液通断、刀具更换等。JB 3208—1983 中对 M 指令已作了规定，并与国际 ISO 1056—1975（E）相一致，见附录 2。但表中存在已规定、不规定和永不规定 3 种类型，因此不同数控系统中 M 指令的含义会有个别不同。M 指令的使用比较简单，下面仅对若干指令作简单说明。

（1）M00：程序停止。在完成编有 M00 指令的程序段功能后，主轴停转，进给停止，切削液关断，程序暂停，用于加工过程中完成停机检查、尺寸检测或手工换刀等功能。利用机床操作面板上的启动按钮可再次启动运转，执行下一个程序段。

（2）M01：计划停止。该指令与 M00 相似，但必须是在机床操作面板上的"任选停止"按钮被按下时才有效。用于随机完成停机检查等有关功能。

（3）M02：程序结束。用于加工程序全部结束、命令主轴停转、进给停止、冷却液关闭、系统复位并处于"程序开始"状态。

（4）M30：过去用于表示纸带结束并倒带至纸带起始处，现在表示程序结束并返回。在完成程序所有指令后，主轴停转、进给停止和切削液关闭，将程序指针返回到第一个程序段并停下来。

10.5.4 主程序与子程序

数控加工程序可分为主程序和子程序两种。主程序是零件加工的主体部分，它是一个完整的零件加工程序。主程序和被加工零件及加工要求一一对应，不同的零件或不同的加工要求，都有唯一的主程序。

为了简化编程，有时可以将若干个相同顺序排列的程序段（为了完成相同的加工）编写为一个单独的程序，并通过程序调用的形式来执行这些程序，这样的程序称为子程序。通过 M98 调用子程序并结合 P 代码，P 代码后是要调用的子程序号。就程序结构而言，子程序和主程序并无本质差别，但在使用上，子程序有以下特点：

（1）子程序可以被主程序和其他子程序调用，并且可以多次循环执行；
（2）被主程序调用的子程序还可以调用其他子程序，这一功能称为子程序的嵌套；
（3）子程序执行结束，能自动返回到调用的程序中，并向下继续执行主程序。

在大多数数控系统中，子程序的程序号和主程序号格式相同，即用 O 或％后缀数字组成。但其程序结束的辅助功能不是 M30 而是 M99，只有用 M99 才能实现程序的自动返回功能，见例 10-1。图 10-16 表示主程序与子程序的关系。

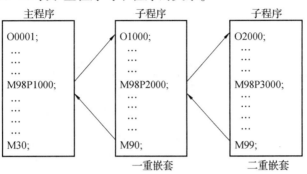

图 10-16 主程序与子程序的关系

例 10-1 已知毛坯直径 30 mm，其余尺寸如图 10-17 所示，编制其加工程序。

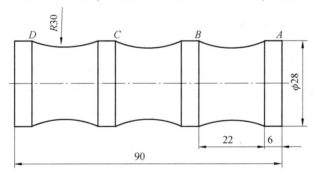

图 10-17 子程序应用

解：在图示工件中，三个相邻的圆弧半径及外圆长度是相等的（AB、BC、CD 三段），在编程时，就可以把外圆长度 6、圆弧半径 R30 作为一个子程序，在加工中调用三次即可，取工件右端面的中心点为编程坐标系的原点。

主程序：
```
％001
N01 T0101 M03 S600;
G00 X32 Z2;
G01 X28 Z0;
M98 P002 L3;
G01 Z-90;
X32;
```

```
G00 Z200；
M30；
子程序：
% 002；
G01 W-6；
G02 W-22 R30；
M99；
```

以上子程序的调用，对于不同的数控系统，还有不同的调用格式和规定，使用时必须参照有关数控系统的编程说明。

10.6 数控车床的常用编程指令及应用

数控车床按照从外部输入的程序来自动地对被加工工件进行加工。数控加工程序是实现人机对话的桥梁，因此数控编程就成为数控机床操作人员最重要的任务之一。数控车床系统常用的功能指令有准备功能（G 功能）、辅助功能（M 功能）、刀具功能（T 功能）和主轴功能（S 功能）。本节以华中数控系统 HNC-21T 的常用编程指令加以说明。

10.6.1 基本编程指令

1. G 功能（格式：Gxx，G 后可跟 2 位数）

表 10-3 为华中数控系统 HNC-21T 的常用 G 功能指令。

表 10-3 常用 G 功能指令

代码	组	意义	代码	组	意义	代码	组	意义
G00	01	快速点定位	*G36	16	直径编程	G76	06	车螺纹复合循环
*G01		直线插补	G37		半径编程	*G80	01	车外圆固定循环
G02		顺圆插补	*G40	09	刀补取消	G81		车端面固定循环
G03		逆圆插补	G41		左刀补	G82		车螺纹固定循环
G32		螺纹切削	G42		右刀补	*G90	13	绝对坐标编程
G04	00	暂停延时	G53	00	直接机床坐标系编程	G91		增量坐标编程
G20	08	英制单位	G54~G59	11	零点偏置	G92	00	工件坐标系指定
*G21		公制单位	G71	06	车外圆复合循环	*G94	14	每分钟进给方式
G28	00	回参考点	G72		车端面复合循环	G95		每转进给方式
G29		参考点返回	G73		车闭环复合循环	*G96		恒线速度有效
—		—				G97		取消恒线速度

注：1. 表内 00 组为非模态指令，只在本程序段内有效。其他组为模态指令，一次指定后持续有效，直到被本组其他代码所取代。

2. 标有 * 的 G 代码为缺省值。

2．M 功能（格式：Mxx，M 后可跟 2 位数）

车削中常用的 M 功能指令有：M00——进给暂停；M02——程序结束；M03——主轴正转；M04——主轴反转；M05——主轴停转；M06——换刀；M07——开切削液；M09——关切削液；M30——程序结束并返回到开始处；M98——子程序调用；M99——子程序返回。

3．T 功能（格式：Txxxx）

T 代码用于选刀，后面跟 4 位数字，前 2 位表示刀具号，后 2 位表示刀具补偿号。例如：T0211 表示用第 2 把刀具，其刀具偏置及补偿量等数据在第 11 号地址中。

4．S 功能

主轴功能 S 控制主轴转速，其后的数值表示主轴速度，单位为 r/min。实际加工时，还受到机床面板上的主轴速度修调倍率开关的影响。

车削中有时要求用恒线速度加工控制，即不管直径大小，其切向速度 V 为定值。这样，当进行直径由大到小的端面加工时，转速将越来越大，以致可能会产生因转速过大而将工件甩出的危险，因此必须限制其最高转速。当超出此值时，就强制在低于此极值的某一速度下工作。

例 10-2 编制图 10-18 所示零件的加工程序。工件材质为 45 钢，毛坯为 ϕ54 mm×200 mm 的棒料。

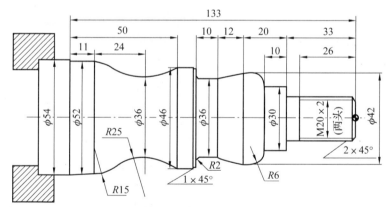

图 10-18 综合编程实例一

解： 1）图纸分析

加工内容：此零件加工包括车端面、外圆、倒角、圆弧、螺纹等。

工件坐标系：对图纸上尺寸标注进行分析，工件原点可定于零件装夹后的右端面。

2）工艺处理

采用自定心卡盘装夹工件，粗、精加工外圆及加工螺纹。所用刀具有 1 号端面刀加工工件端面，2 号外圆刀粗加工工件轮廓，3 号外圆刀精加工工件轮廓，4 号外圆螺纹刀加工导程为 2 mm、螺距为 1 mm 的双头螺纹。

加工工艺路线为：粗加工 ϕ52 mm 的外圆→用复合循环指令粗、精加工外圆轮廓→加工螺纹。

编制加工程序：

程序	说明
%0001	程序名
N10 T0202；	换2号刀，确定其坐标系
N20 M03 S400；	
N30 G00 X60 Z3；	快进到简单循环起点
N40 G80 X52.6 Z-133 F100 G80；	简单外圆循环
N50 G01 X54；	复合循环起点
N60 G71 U1 R1 P10 Q26 E0.3；	外径粗车复合循环
N70 G00 X100 Z80；	换刀点
N80 T0303；	换3号刀，确定其坐标系
N90 G00 G42 X70 Z3；	到精加工起始点，加入刀尖圆弧半径补偿
N100 G01 X10 F100；	到倒角延长线上
N110 X19.95 Z-2；	倒2×45°角
N120 Z-33；	精加工螺纹外径
N130 G01 X30；	精加工Z33处端面
N140 Z-43；	精加工φ30 mm外圆
N150 G03 X42 Z-49 R6；	精加工R6圆弧
N160 G01 Z-53；	精加工φ42 mm外圆
N170 X36 Z-65；	精加工下切锥面
N180 Z-73；	精加工φ36 mm槽径
N190 G02 X40 Z-75 R2；	精加工R2圆弧
N200 G01 X44；	精加工Z75处端面
N210 X46 Z-76；	倒1×45°角
N220 Z-84；	精加工φ46 mm槽径
N230 G02 Z-113 R25；	精加工R25圆弧
N240 G03 X52 Z-122 R15；	精加工R15圆弧
N250 G01 Z-133；	精加工φ52 mm外圆
N260 G01 X54；	精加工轮廓结束
N270 G00 G40 X100 Z80；	取消半径补偿，返回换刀点
N280 T0404；	换4号螺纹刀，确定其坐标系
N290 M03 S200；	主轴正转
N300 G00 X20 Z5；	到螺纹循环起点
N310 G82 X19.3 Z-26 R-3 E1.3 C2 P180 F2；	加工两头螺纹，吃刀0.7
N320 G82 X18.9 Z-26 R-3 E1.3 C2 P180 F2；	加工两头螺纹，吃刀0.4
N330 G82 X18.7 Z-26 R-3 E1.3 C2 P180 F2；	加工两头螺纹，吃刀0.2；
N340 G00 X100 Z80；	退刀
N350 M30；	主轴停止，主程序结束并复位

例10-3 加工如图10-19所示的零件，毛坯直径为45 mm，长为370 mm，材料为

Q235；未注倒角 1×45°，其余 Ra：12.50。

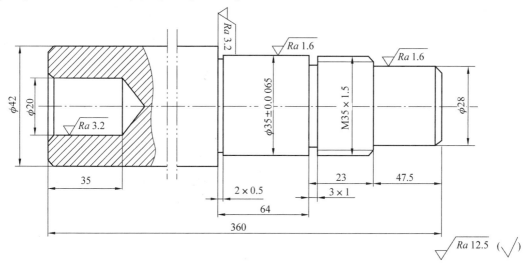

图 10-19　综合编程实例二

解：1）图纸分析

加工内容：此零件加工包括车端面、外圆、倒角、内锥面、螺纹、退刀槽等。

工件坐标系：该零件加工需掉头，从图纸上尺寸标注分析，应设置两个工件坐标系，两个工件原点均可定于零件装夹后的右端面。

2）工艺处理

（1）加工右端外圆及螺纹。

①工艺分析，采用一夹一顶方式装夹工件，粗、精加工外圆及加工螺纹。所用刀具有外圆粗加工正偏刀（T01）、刀宽为 2 mm 的切槽刀（T02）、外圆精加工正偏刀（T03）。

加工工艺路线为：粗加工 ϕ42 mm 的外圆→粗加工 ϕ35 mm 的外圆→粗加工 ϕ28 mm 的外圆→精加工 ϕ28 mm 的外圆→精加工螺纹的外圆→精加工 ϕ35 mm 的外圆→精加工 ϕ42 mm 的外圆→切槽→加工螺纹。

②编制程序如下。

加工右端外圆及螺纹：

% 0003	程序名
N10 T0101;	换 1 号刀，确定其坐标系
N20 M03 S500;	主轴正转
N30 G00 Z5;	快速定位到工件附近
N40 X47 Z2;	快速定位到 ϕ47 mm 外圆处
N50 G80 X42.5 Z-200 F300;	粗车 ϕ42 mm 外圆
N60 X38 Z-134.2;	粗车 ϕ35 mm 外圆
N70 X35.5 Z-134.2;	
N80 X30 Z-47.2;	粗车 ϕ28 mm 外圆
N90 X28.5 Z-47.2;	
N100 G00 X100;	快速定位到换刀点

N110 Z100；	
N120 T0303；	换3号精车刀，确定其坐标系
N130 S800；	
N140 G00 Z1；	快速定位到距端面1 mm处
N150 X24；	快速定位到φ24外圆
N160 G01 X28 Z-1 F100；	倒角1×45°
N170 Z-47.5；	精车φ28 mm外圆
N180 X33；	精车轴肩
N190 X35 Z-48.5；	倒角1×45°
N220 Z-134；	精车φ35 mm外圆
N230 X42；	定位到φ42 mm外圆
N240 Z-360.5；	精车φ42 mm外圆
N250 G00 X100；	定位到换刀点
N260 Z100；	
N270 T0202；	换2号切槽刀
N280 S300；	
N290 G00 X45 Z-134.5；	定位到φ45 mm外圆
N300 G01 X34 F50；	切2×0.5的槽
N310 X36；	提刀至φ36 mm处
N320 G00 Z-70.5；	定位到距端面70.5 mm处
N330 G01 X33；	切至φ33 mm外圆
N340 X36；	提刀至φ36 mm处
N350 Z-71.5；	
N360 X33；	切至φ33 mm外圆
N370 X36；	提刀至φ36 mm处
N380 G00 X100；	定位到换刀点
N390 Z100；	
N400 T0404；	换4号螺纹刀
N410 S400；	
N420 G00 X37 Z-45；	定位到φ37 mm外圆
N430 G76 C4 A60 X33.052 Z-72 U0.2 V0.1 Q0.4 K0.974 F1.5；	
	加工M35×1.5的螺纹
N440 G00X100；	退刀
N450 Z100；	
N460 M05；	主轴停止
N470 M30；	程序结束

（2）加工φ20 mm内孔及外圆。

①工艺分析，调头用铜片垫夹φ42 mm外圆，用百分表找正后，加工φ42 mm外圆及φ20 mm的内孔。所用刀具有90°外圆车刀（T03）、45°端面刀（T01）、内孔精车刀（T02）。

加工工艺路线为：加工端面→加工 φ42 mm 外圆→加工 φ20 mm 的内孔。

②编制程序如下。

加工 φ20 mm 内孔及外圆：

% 0003	程序名
N10 T0101；	换 1 号刀端面刀
N20 M03 S600；	主轴正转
N30 G00 X45 Z0；	快速定位到 φ20 mm 外圆
N40 G01 X-1 F100；	车端面
N50 G00 X100 Z50；	退刀
N60 T0303；	换 3 号外圆车刀
N70 G00 X36 Z2；	快速定位到 φ42 mm 外圆
N80 G00 X42 Z-2；	倒角 1×45°
N90 G01 Z-165；	加工 φ42 mm 外圆
N100 G00 X100；	退刀
N110 Z100；	
N120 T0202；	换 2 号内孔精车刀
N130 G00 X24 Z1；	快速定位到 φ24 mm 外圆
N140 G01 X20 Z-1 F100；	倒角 1×45°
N150 Z-35；	精车 φ20 mm 内孔
N160 X18；	X 轴退至 18 mm 处
N170 G00 Z50；	退刀
N180 X100；	
N190 M05；	主轴停止
N200 M30；	程序结束

思考与练习

1. 数控机床有什么特点？
2. 数控机床的分类有哪些？
3. 目前常用的数控系统有哪些？
4. 工件零点的一般选用原则是什么？
5. 数控加工程序编程的步骤是什么？
6. 数控铣床有哪几种刀具补偿？
7. 机床参考点、机床坐标系、工件坐标系之间有何区别？

第 11 章 3D 打印技术

11.1 3D 打印与三维扫描技术

11.1.1 3D 打印与三维扫描概述

3D 打印技术是 20 世纪 80 年代中期发展起来的一种高新技术，是造型技术和制造技术的一次飞跃，它从成型原理上提出一个分层制造、逐层叠加成型的全新思维模式，即将 CAD、CAM、CNC 激光、精密伺服驱动和新材料等先进技术集于一体，依据计算机上构成的工件三维设计模型，对其进行分层切片，得到各层截面的二维轮廓信息，增材制造机的成型头按照这些轮廓信息在控制系统的控制下，选择性地固化或切割一层层的成型材料，形成各个截面轮廓，并逐步顺序叠加成三维工件。

11.1.2 3D 打印技术的发展

3D 打印的制造过程是基于"离散/堆积成型"思想，用层层加工的方法将成型材料"堆积"而形成实体零件。分层制造三维物体的思想雏形，可以追溯到 4 000 年前，中国出土的漆器用黏接剂把丝、麻黏接起来铺敷在底胎（类似 3D 打印的基板）上，待漆干后挖去底胎成型。世界上也发现古埃及人在公元前就已将木材切成板后重新铺叠制成像现代胶合板似的叠合材料。

1902 年，Carlo Baese 提出了一种用光敏聚合物来制造塑料件的方法，这是光固化成型（SL）的最初设想。直到 1982 年，Charles W. Hull 将光学技术应用于快速成型领域，并在美国 UVP 公司的资助下，完成了第一个 3D 打印系统——光固化成型系统，该系统于 1986 年获得专利，是 3D 打印发展历程中的一个里程碑。同年，Charles 成立了 3D Systems 公司，研发了著名的 STL 文件格式，STL 格式逐渐成为 CAD/CAM 系统接口文件格式的工业标准。1988 年，3D Systems 公司推出了世界上第一台 SLA 技术的商用 3D 打印机 SLA-250，其体积非常大，Charles 把它称为"立体平板印刷机"。尽管 SLA-250 身形巨大且价格昂贵，但它的面世标志着 3D 打印商业化的起步。

我国自 20 世纪 90 年代初，在国家科技部等多部门的持续支持下，在西安交通大学、华中科技大学、清华大学等高校的持续攻坚下，在典型成型设备、软件、材料等方面研究和产业化方面取得重大进展。随后国内许多高校和研究机构也开展了相关研究，如西北工业大学、北京航空航天大学、上海交通大学、中国工程物理研究院等单位都在做探索性的研究和应用工作。到 2000 年初步实现的设备产业化，接近国外产品水平，改变了该类设备早期依赖进口的局面。

近年来，增材制造技术在美国取得了快速的发展，主要的引领要素是低成本 3D 打印设备社会化应用和金属零件直接制造技术在工业界的应用。我国金属零件直接制造技术也有达到国际领先水平的研究与应用，例如：北京航空航天大学、西北工业大学和北京航空制造技术研究所利用 3D 打印技术制造出大尺寸金属零件，并应用在新型飞机研制过程中，显著提高了飞机研制速度。

在技术研发方面，我国增材制造装备的部分技术水平与国外先进水平相当，但在关键器件、成型材料、智能化控制和应用范围等方面较国外先进水平尚有一定的差距。我国增材制造技术主要应用于模型制作，在高性能终端零部件直接制造方面还具有非常大的提升空间。例如，在增材的基础理论与成型微观机理研究方面，我国在一些局部点上开展了相关研究，但国外的研究更基础、系统和深入；在工艺技术研究方面，国外是基于理论基础的工艺控制，而我国则更多依赖于经验和反复的试验验证，导致我国增材制造工艺关键技术整体上落后于国外先进水平；材料的基础研究、材料的制备工艺以及产业化方面与国外相比存在相当大的差距；部分增材制造工艺装备国内都有研制，但在智能化程度上与国外先进水平相比还有差距；我国大部分增材制造装备的核心元器件还主要依靠进口。

11.2 3D 打印的主要成型工艺

11.2.1 熔融沉积制造

熔融沉积制造（Fused Deposition Modeling，FDM）又称熔融沉积成型，这项 3D 打印技术由美国学者 Scott Crump 于 1988 年研制成功。FDM 通俗来讲就是利用高温将材料融化成液态，通过打印头挤出后固化，最后在立体空间上排列形成立体实物。

FDM 机械系统主要包括喷头、送丝机构、运动机构、加热工作室、工作台 5 个部分。FDM 快速成型工艺使用的材料分为两部分：一类是成型材料，另一类是支撑材料，如图 11-1 所示。

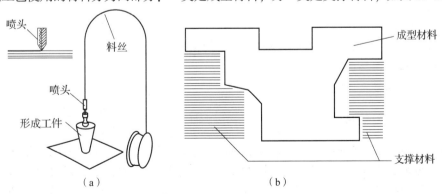

图 11-1 FDM 快速成型工艺

(a) 工艺原理图；(b) 成型材料和支撑材料

将低熔点丝状材料通过加热器的挤压头熔化成液体,使熔化的热塑材料丝通过喷头挤出,挤压头沿零件的每一截面的轮廓准确运动,挤出半流动的热塑材料沉积固化成精确的实际部件薄层,覆盖于已建造的零件之上,并在 0.1 s 内迅速凝固。每完成一层成型,工作台便下降一层高度,喷头再进行下一层截面的扫描喷丝,如此反复逐层沉积,直到最后一层,逐层由底到顶地堆积成一个实体模型或零件。

FDM 快速成型中,每一个层片都是在上一层上堆积而成,上一层对当前层起到定位和支撑的作用。随着高度的增加,层片轮廓的面积和形状都会发生变化,当形状发生较大的变化时,上层轮廓就不能给当前层提供充分的定位和支撑作用,这就需要设计一些辅助结构——"支撑",以保证成型过程的顺利实现。支撑可以用同一种材料建造,现在一般都采用双喷头独立加热,一个用来喷模型材料制造零件,另一个用来喷支撑材料做支撑,两种材料的特性不同,制作完毕后去除支撑相当容易。送丝机构为喷头输送原料,送丝要求平稳可靠。送丝机构和喷头采用推-拉相结合的方式,以保证送丝稳定可靠,避免断丝或积瘤。

1. FDM 快速成型工艺的优点

(1) 成本低。熔融沉积造型技术用液化器代替了激光器,设备费用低;另外,原材料的利用效率高且没有毒气或化学物质的污染,使得成型成本大大降低;

(2) 采用水溶性支撑材料,使得去除支架结构简单易行,可快速构建复杂的内腔、中空零件以及一次成型的装配结构件;

(3) 原材料以卷轴丝的形式提供,易于搬运和快速更换;

(4) 可选用多种材料,如各种色彩的工程塑料 ABS、PC、PPS 以及医用 ABS 等;

(5) 原材料在成型过程中无化学变化,制件的翘曲变形小;

(6) 用蜡成型的原型零件,可以直接用于熔模铸造;

(7) FDM 系统无毒性且不产生异味、粉尘、噪声等污染。无需建立专用场地,适合办公室设计环境使用;

(8) 材料强度、韧性优良,可以装配进行功能测试。

2. FDM 快速成型工艺的缺点

(1) 原型表面有较明显的条纹;

(2) 与截面垂直的方向强度小;

(3) 需要设计和制作支撑结构;

(4) 成型速度相对较慢,不适合构建大型零件;

(5) 原材料价格昂贵;

(6) 喷头容易发生堵塞,不便维护。

11.2.2 光固化成型

光固化成型技术(Stereo Lithography Apparatus,SLA)又称立体光刻化成型法。其主要采用液态光敏树脂原料,通过 3D 设计软件设计出三维数字模型,利用离散程序将模型进行切片处理,设计扫描路径,按设计的扫描路径照射到液态光敏树脂表面,分层扫描固化叠加成三维工件原型。

光固化成型技术是基于液态光敏树脂的光聚合原理工作的。这种液态材料在一定波长和强度的紫外光的照射下能迅速发生光聚合反应，材料从液态转变成固态。液槽中盛满液态光固化树脂，激光束在偏转镜作用下在液态树脂表面扫描，光点照射到的地方液体固化成型。

光固化成型技术原理示意图如图 11-2 所示。

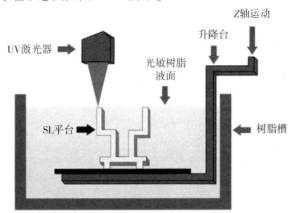

图 11-2　光固化成型技术原理示意图

具体步骤如下：
（1）激光扫描；
（2）涂铺工作面；
（3）工作台下降；
（4）调节液位；
（5）激光扫描。

重复以上（1）～（4）步流程，层层叠加成三维模型。

11.2.3　选择性激光烧结

选择性激光烧结（Selected Laser Sintering，SLS）又称选区激光烧结，是一种采用激光有选择地分层烧结固体粉末，并使烧结成型的固化层层层叠加生成所需形状零件的工艺。从理论上来说，任何受热后能够黏结的粉末都可以作为 SLS 的原材料，如塑料、石蜡、金属、陶瓷等。金属粉末的激光烧结技术因其特殊的工业应用，已成为近年来研究的热点，该技术能够使高熔点金属直接烧结成型金属零件，完成传统切削加工方法难以制造出的高强度零件的成型，尤其是在航天器件、飞机发动机零件及武器零件的制备方面，这对 3D 打印技术在工业上的应用具有重要的意义。

SLS 成型过程由 CAD 模型各层切片的平面几何信息生成 X-Y 激光扫描器在每层粉末上的数控运动指令，铺粉器将粉末一层一层地撒在工作台上，再用滚筒将粉末滚平、压实，每层粉末的厚度均对应于 CAD 模型的切片厚度（50～200 μm）。各层铺粉被 CO_2 激光器选择性烧结到基体上，而未被激光扫描、烧结的粉末仍留在原处起支撑作用，直至烧结出整个零件。

当实体构建完成并在原型部分充分冷却后，粉末块会上升到初始的位置，将其拿出并放置到工作台上，用刷子小心刷去表面粉末露出加工件部分，其余残留的粉末可用后处理装置去除。

11.3　3D打印样件制作

11.3.1　软件操作步骤

（1）打开软件，如图11-3所示。

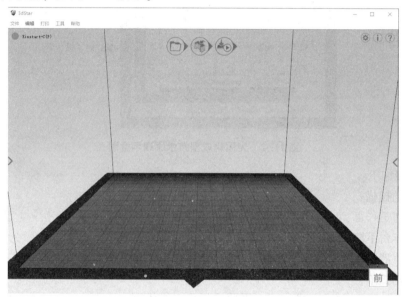

图11-3　软件主界面

（2）单击"设置"，然后单击"程序设置"，如图11-4所示。

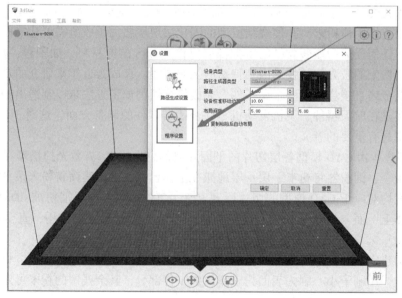

图11-4　程序设置

（3）选择"Einstart-D200"，单击"确定"，如图 11-5 所示。

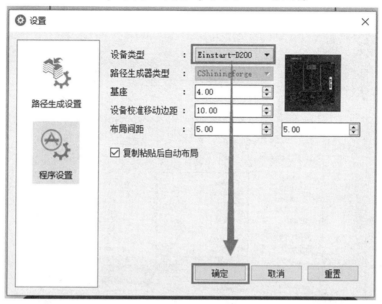

图 11-5　设备类型选择

（4）导入模型，如图 11-6 所示。

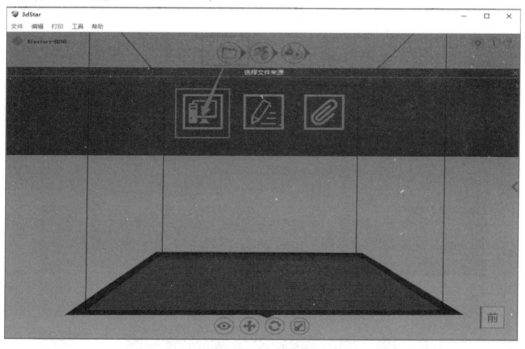

图 11-6　导入模型

（5）选择需要打印模型（STL 格式），单击"打开"，如图 11-7 所示。

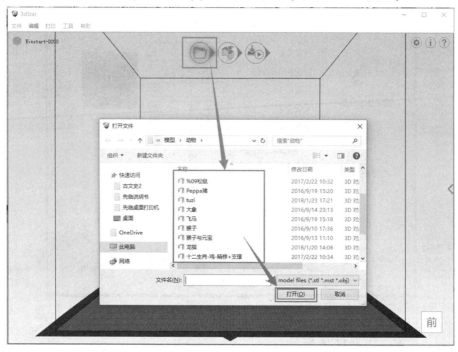

图 11-7　选择打印模型

（6）将模型放置在打印平台中心，单击"√"，如图 11-8 所示。

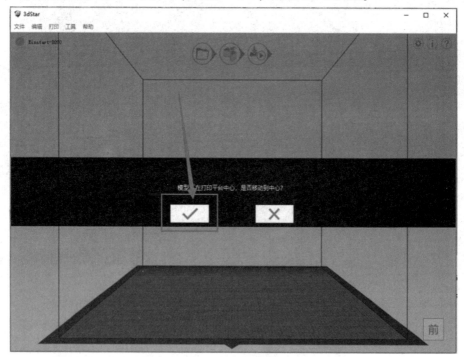

图 11-8　模型居中

（7）模型导入成功，如图11-9所示。

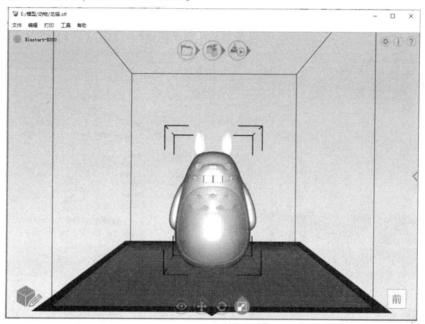

图11-9　导入成功

（8）模型视图、移动、旋转、放大缩小，如图11-10所示。

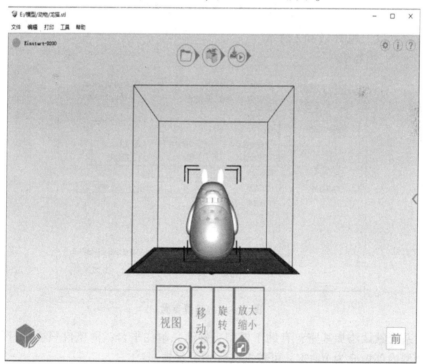

图11-10　模型调整

11.3.2 参数设置

(1) 单击"设置"→"路径生成设置",选择"标准",如图 11-11 所示。

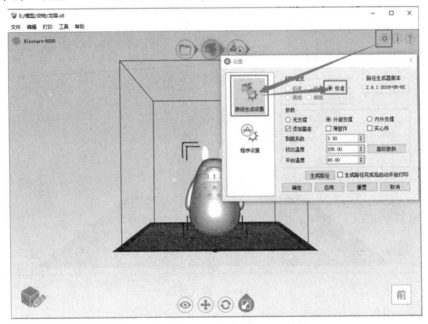

图 11-11 路径生成设置

(2) 设置参数,如图 11-12 所示。

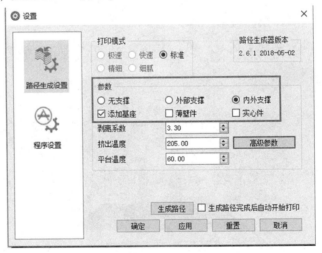

图 11-12 设置参数

备注:系统默认添加基座,有助于模型更好地黏附住平台;薄壁件只适合打印花瓶;实心件是指模型内部填充为 100%,可根据实际情况设置。

(3) 选择支撑。

支撑是指打印有悬空部分的模型时可选择的支撑方式,分为以下 3 种。

①无支撑:模型悬空部分没有支撑。

②外部支撑:平台与模型之间的悬空部分由系统自动创建支撑,如图 11-13 所示。

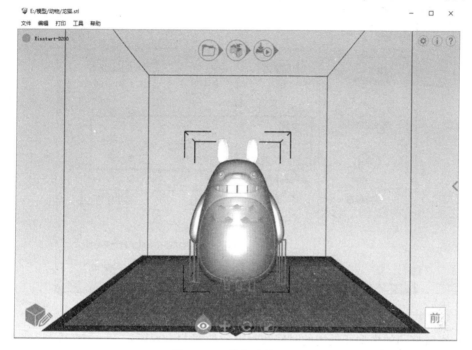

图 11-13　外部支撑生成

③内外支撑:模型所有悬空部分都创建支撑,如图 11-14 所示。

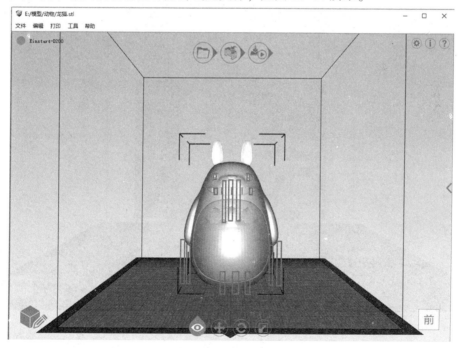

图 11-14　内外支撑生成

（4）生成 GSD 文件，参数设置完成后，其他的参数为系统默认值，单击"生成路径"→"确定"，如图 11-15 所示。

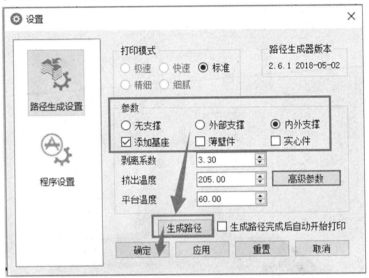

图 11-15　生成 GSD 文件

（5）查看打印的模型所耗用的时间和材料，如图 11-16 所示。

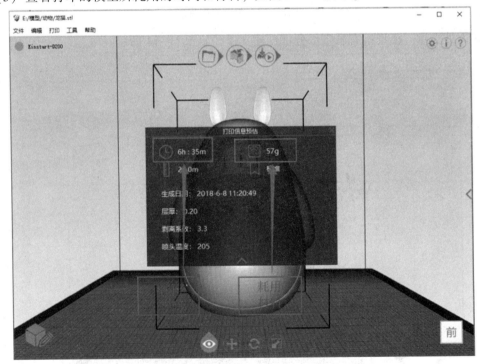

图 11-16　查看耗用时间、材料

（6）将生成好的 GSD 文件下载到 SD 卡中，注意：模型名称只能为英文或者数字，如图 11-17 所示。

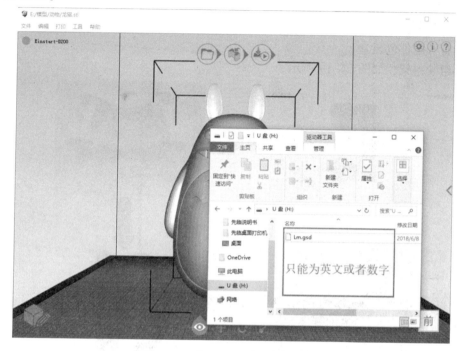

图 11-17　将 GSD 文件下载到 SD 卡

（7）将 SD 卡插入机器卡槽进行打印，如图 11-18 所示。

图 11-18　将 SD 卡插入机器卡槽

11.3.3 打印准备及操作

1. 组装料架

（1）打开配件包装盒。

（2）组装料架，如图 11-19 所示。

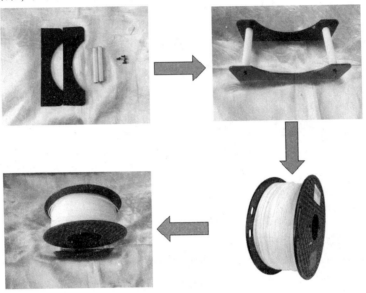

图 11-19 组装料架

2. 预热

单击"预热喷嘴""预热热床"使左边的打印温度显示 220 ℃，热床温度显示 55 ℃，如图 11-20 所示。

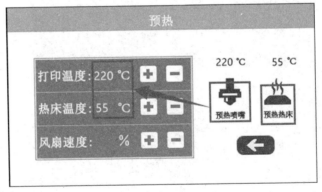

图 11-20 预热机器

3. 进料

等待打印温度达到 220 ℃时，单击"进料"，当手感觉到有吸入的情形时，方可松手，如图 11-21 所示。

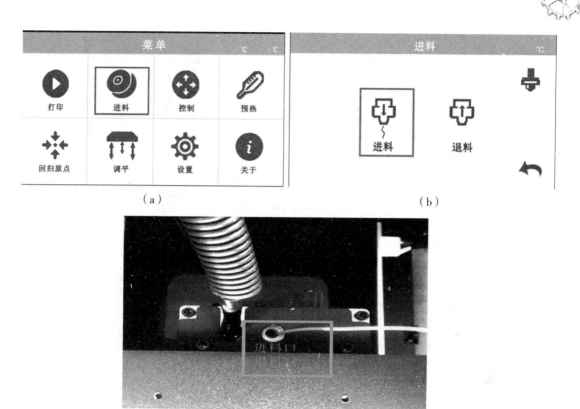

图 11-21 添加材料

(a) 菜单；(b) 进料；(c) 进料口

4. 打印

单击"打印"，选择需要打印的文件，如图 11-22 所示。

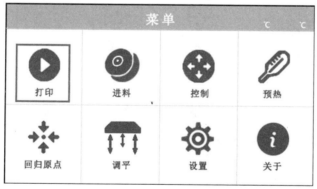

图 11-22 打印

5. 取出模型

用铲刀取出模型，如图 11-23 所示。

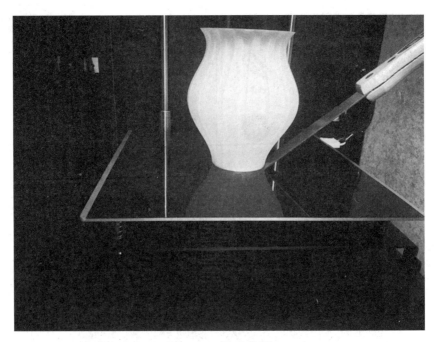

图 11-23 取出模型

温馨提示：用铲刀的斜口把旁边翘起来，就很容易取下模型了，取模型时小心刮伤。

6. 退料

单击"退料"，如图 11-24 所示，退料时注意用手扶住材料稍微用力向外拉。

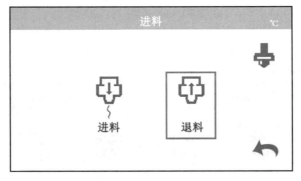

图 11-24 退料

温馨提示：待喷嘴温度加热到 200 ℃时，机器才会开始退料，请耐心等待。

11.3.4 注意事项

（1）调平注意：不能刮到平台，若刮到平台，就会造成堵头。

（2）打印过程中注意：在打印期间请勿关闭电源或是直接拔出 SD 卡，否则可能导致模型数据丢失。

（3）退料注意：用手扶住耗材并向外拉（因为在退料的过程中，如果不及时趁着热度把料带出，材料就会很容易凝固在进料口内壁，造成堵头）。

（4）耗材注意：不要将机器与耗材放在潮湿的地方，打印前检查耗材不能打结。

思考与练习

1. 常见的3D打印成型技术有哪些？
2. 熔融沉积制造成型工艺常用的材料都有哪些？
3. 什么是3D打印成型？
4. 简述熔融沉积制造的原理。
5. 简述光固化成型的原理。
6. 3D打印过程中的安全注意事项有哪些？

第 12 章 激光加工

12.1 激光加工技术

12.1.1 激光加工技术概述

激光技术与原子能、半导体及计算机一起,是 21 世纪的四大发明。激光是一种因受激而产生的高亮度、大能量及方向性、单色性、相干性都很好的加强光,自问世以来已在多个领域得到广泛应用。激光加工是利用能量密度极高的激光束照射工件的被加工部位,使其材料瞬间熔化或蒸发,并在冲击波作用下,将熔融物质喷射出去,从而对工件进行穿孔、蚀刻、切割等加工,或采用较小能量密度,使加工区域材料熔融黏结或改性,对工件进行焊接或热处理等加工。

12.1.2 激光加工技术的应用

经过六十多年的发展,激光加工技术与应用发展迅猛,已与多个学科相结合形成了多个应用技术领域。激光的主要加工技术包括激光切割、激光焊接、激光打标、激光打孔、激光改性、激光快速成型等。

1. 激光切割

激光切割可分为气化切割、熔化切割、氧助熔化切割和控制断裂切割,其中以氧助熔化切割应用最广;根据切割材料可分为金属材料切割和非金属材料切割。激光切割可大大减少加工时间,降低加工成本,提高工件质量,与传统的板材加工方法相比,激光切割具有高的切割质量。

2. 激光焊接

激光焊接不同于激光打孔,不需要那么高的能量密度使工件材料气化,而只要将工件加工区域"烧熔"黏结即可,与其他焊接相比,激光焊接有如下优点:

(1) 激光焊接速度快、深度大、变形小,不仅有利于提高生产效率,而且被焊接材料不易氧化,热影响区极小,适合热敏感很强的晶体管元件焊接;

（2）激光焊接设备装置简单，没有焊渣，在空气及某种气体环境中均能施焊，并能通过玻璃或对光束透明的材料进行焊接，激光束易实现光束按时间与空间分光，能进行多光束同时加工及多工位加工，很适合微型焊接；

（3）可焊接难溶材料如钛、石英等；不仅能焊接同种材料，而且还可以焊接不同材料，甚至可以焊接金属与非金属。当然，不是所有异种材料都能很好地焊接。

3. 激光打标

激光打标是利用高能量密度的激光束照射在工件表面，光能瞬时转化成热能，使工件表面物质迅速蒸发，从而在工件表面刻出任意所需的文字和图形，以作为永久的标志。

激光打标技术的特点如下：

（1）可对绝大多数金属或非金属材料进行加工；

（2）激光是以非机械式的"刀具"进行加工，对材料不产生机械挤压或机械应力，无"刀具"磨损，无毒，很少造成环境污染；

（3）激光束很细，使被加工材料的消耗很小；

（4）加工时，不会像电子束轰击等加工方法那样产生 X 射线，也不会受电场和磁场的干扰；

（5）操作简单，使用微机数控技术能实现自动化加工，能用于生产线上对零部件进行高效率加工，能作为柔性加工系统中的一部分；

（6）使用精密工作台能进行精细微加工；

（7）使用显微系统或摄像系统，能对被加工表面状况进行观察或监控；

（8）可以穿过透光物质（如石英、玻璃）对其内部零部件进行加工；

（9）可以利用棱镜、反射系统（对于 Nd：YAG 激光器还能用光纤导光系统）将光束聚集到工件的内表面或倾斜表面上进行加工；

（10）能标记条形码、数字、字符、图案等标志；

（11）这些标志的线宽可小至 20 μm，线深度可达 10 mm 以下，故能对毫米级尺寸大小的零件表面进行标记。

4. 激光打孔

激光打孔指激光经过聚焦后作为高强度热源对材料进行加热，使激光作用区内材料汽化或熔化，继而蒸发形成孔洞的激光加工过程。激光束在空间和时间上高度集中，利用透镜聚焦，可以将光斑直径缩小到 $10^5 \sim 10^{15}$ W/cm^2 的激光功率密度，如此高的功率密度几乎可以对任何材料进行激光打孔。

激光打孔直径可以小到 0.01 mm 以下，深径比可达 50：1，激光打孔主要应用在航空航天、汽车制造、电子仪表、化工等行业。但是，激光打出的孔是圆锥形的，而不是机械钻孔的圆柱形，在有些应用领域是有局限性的。

激光打孔的特点有以下几点：

（1）速度快，效率高，经济效益好；

（2）可获得很大的深径比；

（3）可在硬、脆、软等各类材料上进行加工；

(4) 无工具损耗，激光打孔为无接触加工，避免了机械打孔时易断钻头的问题；

(5) 适合数量多、高密度的群孔加工；

(6) 可在难加工材料倾斜表面上加工小孔；

(7) 由于激光打孔过程不与工件接触，故加工后的工件清洁无污染。

5. 激光改性

激光改性是材料表面局部快速处理工艺的一种新技术，它包括激光淬火、激光表面熔凝、激光表面熔覆、激光冲击强化、激光表面毛化等。通过激光与材料表面的相互作用，使材料表层发生所希望的物理、化学、力学等性能的变化，改变材料表面结构，获得工业上的许多良好性能。激光改性主要用于强化零件的表面，工艺简单、加热点小、散热快、可以自冷淬火。表面改性后的工件变形小，适于作为精加工的后续工序。激光束移动方便，易于控制，可以对形状复杂的零件进行表面改性。

6. 激光快速成型

激光快速成型（Laser Rapid Prototyping，LRP）是将CAD、CAM、CNC、激光、精密伺服驱动和新材料等先进技术集成的一种全新制造技术。与传统制造方法相比具有以下优点：原型的复制性、互换性高；制造工艺与制造原型的几何形状无关；加工周期短、成本低，一般制造费用降低50%，加工周期缩短70%以上；高度技术集成，实现设计制造一体化。

常见的激光快速成型技术有立体光造型技术、选择性激光烧结技术、激光薄片叠层制造技术、激光诱发热应力成型技术、激光熔覆成型技术等。

7. 激光雕刻

激光雕刻与激光打标、激光切割比较类似，它同样是利用高功率密度的聚焦激光光束作用在材料表面或内部，使材料汽化或发生物理变化，通过控制激光的能量、光斑大小、光斑运动轨迹和运动速度等相关参量，使材料形成要求的立体图形图案。

使用激光雕刻的过程非常简单，如同使用计算机和打印机在纸张上打印。用户可以在Windows环境下利用多种图形处理软件，如利用EagleWorks软件处理一些图文数据，常见的图文数据如扫描的图形、矢量化的图文和多种CAD文件，都可轻松地"打印"到雕刻机中。唯一的不同之处是，打印机打印是将墨粉涂到纸张上，而激光雕刻是将激光射到木制品、亚克力、塑料板、金属板、石材等几乎所有材料之上进行切割或雕刻。

激光雕刻按雕刻方式分为点阵雕刻和矢量切割雕刻。点阵雕刻酷似高清晰度的点阵打印。激光头左右摆动，每次雕刻出一条由一系列点组成的线，同时激光头上下移动雕刻出多条线，最后构成整版的图像或文字。扫描的图形、文字及矢量化图文都可使用点阵雕刻。矢量切割雕刻与点阵雕刻不同，矢量切割雕刻是在图文的外轮廓线上进行。我们通常使用这种模式在木材、亚克力、纸张等材料上进行穿透切割雕刻。

8. 激光弯曲

激光弯曲是一种柔性成型新技术，它利用激光加热所产生的不均匀的温度场，来诱发热应力代替外力，实现金属板料的成型。激光旁曲成型机理有温度梯度机理、压曲机理和墩粗机理。与火焰弯曲相比，激光束可被约束在一个非常窄小的区域而且容易实现自动化，这就引起了人们对激光弯曲成型的研究兴趣。目前此技术研究已有一些成功应用的范例，如用于船板的弯曲成型、利用管子的激光弯曲成型制造波纹管以及微机械的加工制造等。

9. 激光存储

激光可以将光束聚焦到微米级，可以在一个很小的区域内做出可辨识的标记，由此激光加工可应用在数据存储方面。将影像与声音之类模拟信号转换为数字信号，经过一系列的信息处理形成编码送至激光调制器，使产生的激光束可按编码的变化时断时续，激光射到一张旋转着的表面镀有一层极薄金属膜的玻璃圆盘上，形成一连串凹坑，在玻璃圆盘旋转的同时，激光束也相应地沿着玻璃圆盘半径方向缓慢地由内向外移动，在玻璃圆盘上形成一条极细密的螺旋轨迹。凹坑的长度与间隔是按编码形成的，可以用激光读出头识别出来，经一系列信息处理还原为影像与声音。激光存储技术已与我们现代生活密不可分。

激光加工技术是激光技术在工业中的主要应用，它加速了对传统加工业的改进，提供了现代工业加工技术的新手段，对工业发展影响较大，特别是激光切割已经成为当前工业加工领域应用最多的激光加工方法，可占整个激光加工业的70%以上。

目前，激光加工技术已经广泛应用到能源、交通运输、钢铁冶金、船舶与汽车制造、电子电气工业、航空航天等国民经济支柱产业，随着科学技术的不断进步与应用，激光加工技术必定还会进一步向其他行业迈进。

12.2 激光加工的产品展示

1. 非金属激光切割机产品

非金属激光切割机产品如图12-1所示。

图12-1 非金属激光切割机产品

2. 金属激光切割机产品

金属激光切割机产品如图 12-2 所示。

图 12-2　金属激光切割机产品

3. 激光内雕机产品

激光内雕机产品如图 12-3 所示。

图 12-3　激光内雕机产品

12.3　激光加工的特点

激光加工具有以下特点。

（1）激光加工的功率密度高达 $10^8 \sim 10^{10}$ W/cm^2，几乎可以加工任何材料。耐热合金、陶瓷、石英、金刚石等硬脆材料都能加工。

（2）激光光斑大小可以聚焦到微米级，输出功率可以调节，因此可用于精密微细加工。

（3）加工所用工具是激光束，是非接触加工，没有明显的机械力，没有工具损耗问题。加工速度快（激光切割的速度与线切割的速度相比要快很多）、热影响区小，加工过程中工件可以运动，容易实现加工过程自动化。

（4）激光加工不需任何模具制造，可立即根据计算机输出的图样进行加工，既可缩短加工流程，又不受加工数量的限制，对于小批量生产，激光加工成效低。

（5）可通过透明体进行加工，如对真空管内部进行焊接加工等。

（6）激光加工采用计算机编程，可以把不同形状的产品进行材料的套裁，最大限度地提高材料的利用率，大大降低企业成本。

12.4　非金属激光切割机设备使用介绍

1. 设备外观

非金属激光切割机的设备外观如图 12-4 所示。

图 12-4　设备外观

2. 主要部件

该设备主要由主机、冷水机、抽风机等部件组成，如图 12-5 所示。

（a）　　　　　　　　　　　（b）　　　　　　　　（c）

图 12-5　主要部件

（a）主机；（b）冷水机；（c）抽风机

3. 主要参数

该设备的主要参数如表 12-1 所示

表 12-1　设备主要参数

加工范围	1 300 mm×900 mm
最大工件高度	30 mm
加工台面	刀条加工台面

续表

激光器类型	CO_2 玻璃管激光器
激光功率	150 W
聚焦镜片	2.5 寸
软件	EagleWorks CAD/CAM 和 EaglePrint 打印驱动，兼容 32 位或 64 位 Windows 7/8/10
数据接口	USB/U 盘/网口
加工模式	切割/雕刻/混排
控制界面	真彩色 LCD 大屏人机界面
存储容量	最大 118 MB
加工分辨率	4064 DPI
运动系统	采用基本款滑轮导轨或进口高精度均衡导轨，步进电动机驱动，配合同步带传动
设备附件	工业冷水机和排风机

12.5 非金属激光切割机基本操作工艺

12.5.1 非金属激光切割机切割操作步骤

非金属激光切割机的切割操作主要以 EagleWorks 软件从设计到输出加工的基本流程为重点，步骤如下。

（1）首先在桌面找到软件图标（见图 12-6），双击打开软件主界面（见图 12-7）。

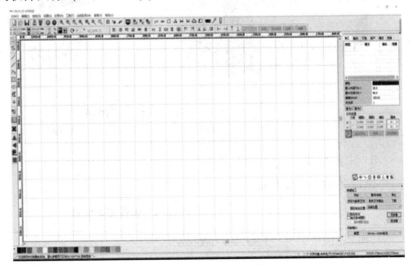

图 12-6　软件图标　　　　　　　　　图 12-7　软件主界面

（2）输入切割内容，如图 12-8 所示。

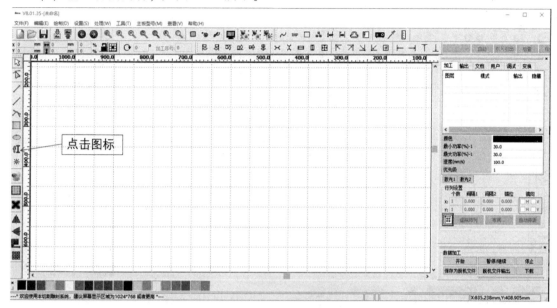

图 12-8　输入切割内容

（3）输入"郑州工程技术学院"，确认无误后单击"确定"，如图 12-9 所示。

图 12-9　添加文字

（4）调整图案在加工区域中的位置以及大小，如图12-10所示。

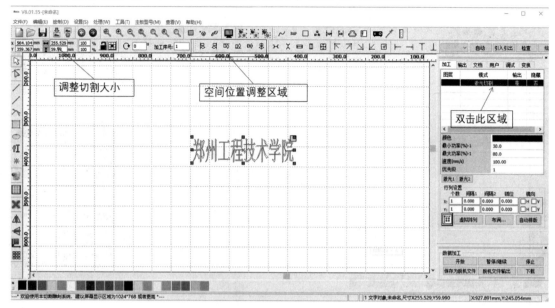

图12-10 调整大小与切割区域

（5）双击图12-10中右侧"双击此区域"调整设置加工参数，参数设置完成后单击"确定"，如图12-11所示。

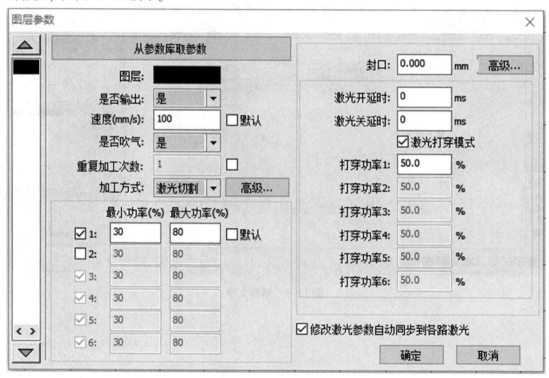

图12-11 调整设置加工参数

（6）单击"加工预览"进行刀路模拟，查看路径状态，如图12-12所示。

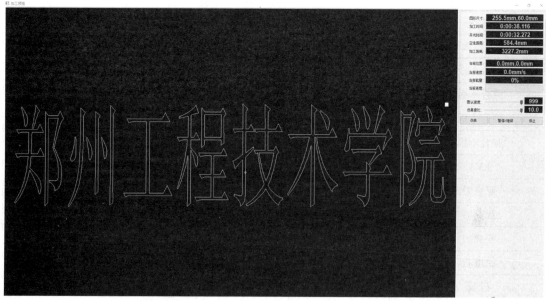

图12-12　预览刀路路径

（7）返回主界面，单击字体使之变成红色字体，如图12-13所示。

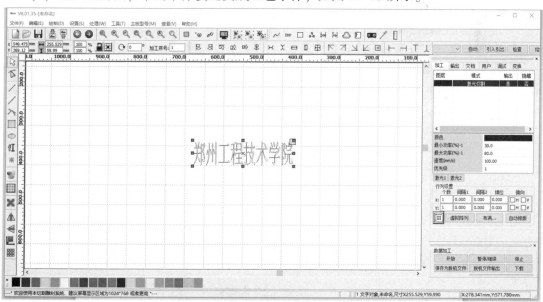

图12-13　单击字体

把加工路径加载到设备系统里,设备与计算机直接连接则可以单击"下载"直接加工,也可以保存为脱机文件用 U 盘拷近设备系统里。

12.5.2 非金属激光切割机的切割参数设定

该设备的切割参数设定如表 12-2 所示。

表 12-2 切割参数设定

材料	厚度/mm	速度/(mm·s^{-1})	功率/%
EPE（珍珠棉）	20	23	60
胶合木板	4	32	60
胶合木板	5	25	40
胶合木板	11	11	40
胶合木板	13	3	40
EVA	30	10	40
亚克力	5	15	40
亚克力	10	6	40
亚克力	20	2	40
密度板	3	22	40
硅胶	1	28	60
蜂窝纸板	10	4	57

思考与练习

1. 如何批量一次性雕刻多个工件作品?

2. 材料在进行切割时都会在切面产生切缝,大小会因材料的不同而不同,成品面积会比需要的小一些,如何避免误差?

附录1 准备功能一览表

准备功能一览表

代码	模态	非模态	功能	代码	模态	非模态	功能
G00	a		点定位	G50	#（d）	#	刀具偏置0/-
G01	a		直线插补	G51	#（d）	#	刀具偏置+/0
G02	a		顺时针方向圆弧插补	G52	#（d）	#	刀具偏置-/0
G03	a		逆时针方向圆弧插补	G53	f		直线偏移，注销
G04		*	暂停	G54	f		直线偏移X
G05	#	#	不指定	G55	f		直线偏移Y
G06	a		抛物线插补	G56	f		直线偏移Z
G07	#	#	不指定	G57	f		直线偏移XY
G08		*	加速	G58	f		直线偏移XZ
G09		*	减速	G59	f		直线偏移YZ
G10~G16	#	#	不指定	G60	h		准确定位1（精）
G17	c		XY平面选择	G61	h		准确定位2（中）
G18	c		ZX平面选择	G62	h		快速定位（粗）
G19	c		YZ平面选择	G63		*	攻螺纹
G20~G32	#	#	不指定	G64~G67	#	#	不指定
G33	a		螺纹切削、等螺距	G68	#（d）	#	刀具偏置，内角
G34	a		螺纹切削、增螺距	G69	#（d）	#	刀具偏置，外角
G35	a		螺纹切削、减螺距	G70~G79	#	#	不指定
G36~G39	#	#	永不指定	G80	e		固定循环注销
G40	d		刀具补偿/刀具偏置注销	G81~G89	e		固定循环
G41	d		刀具补偿（左）	G90	j		绝对尺寸
G42	d		刀具补偿（右）	G91	j		增量尺寸

续表

代码	模态	非模态	功能	代码	模态	非模态	功能
G43	# (d)	#	刀具偏置（正）	G92		*	预置寄存
G44	# (d)	#	刀具偏置（负）	G93	k		时间倒数，进给率
G45	# (d)	#	刀具偏置+/+	G94	k		每分钟进给
G46	# (d)	#	刀具偏置+/-	G95	k		主轴每转进给
G47	# (d)	#	刀具偏置-/-	G96	i		恒线速度
G48	# (d)	#	刀具偏置-/+	G97	i		每分钟转数（主轴）
G49	# (d)	#	刀具偏置0/+	G98~G99	#	#	不指定

注：1. 表中凡有小写字母 a，b，c，d…指示的 G 代码为同一组代码，称为模态指令；

2. 表中"#"代表如选作特殊用途，必须在程序格式说明中说明；

3. 表中第二栏有#（d）的指令，可以被同栏中有 d 或（d）的指令所注销或代替；

4. 表中"不指定""永不指定"代码分别表示在将来修订标准时，可以被指定新功能和永不指定功能；

5. 数控系统没有 G53~G59、G63 功能时，可以指定作其他用途。

附录 2
M 代码及功能

M 代码及功能

代码	功能与程序段运动同时开始	功能在程序段运动完后开始	功能
M00		*	程序停止
M01		*	计划停止
M02		*	程序结束
M03	*		主轴顺时针方向
M04	*		主轴逆时针方向
M05		*	主轴停止
M06	#	#	换刀
M07	*		2 号切削液开
M08	*		1 号切削液开
M09		*	切削液关
M10	#	#	夹紧
M11	#	#	松开
M12	#	#	不指定
M13	*		主轴顺时针方向切削液开
M14	*		主轴逆时针方向切削液开
M15	*		正运动
M16	*		负运动
M17～M18	#	#	不指定
M19		*	主轴定向停止
M20～M29	#	#	永不指定
M30		*	纸带结束

续表

代码	功能与程序段运动同时开始	功能在程序段运动完后开始	功能
M31	#	#	互锁旁路
M32~M35	#	#	不指定
M36	*		进给范围1
M37	*		进给范围2
M38	*		主轴速度范围1
M39	*		主轴速度范围2
M40~M45	#	#	不指定或齿轮换挡
M46~M47	#	#	不指定
M48		*	注销M49
M49	*		进给率修正旁路
M50	*		3号切削液开
M51	*		4号切削液开
M52~M54	#	#	不指定
M55	*		刀具直线位移,位置1
M56	*		刀具直线位移,位置2
M57~M59	#	#	不指定
M60		*	更换工件
M61	*		工件直线位移,位置1
M62	*		工件直线位移,位置2
M63~M70	#	#	不指定
M71	*		工件角度移位位置1
M72	*		工件角度移位位置2
M73~M89	#	#	不指定
M90~M99	#	#	永不指定

参 考 文 献

[1] 陈培里. 工程材料及热加工[M]. 2版. 北京：高等教育出版社，2015.
[2] 高琪. 金工实习教程[M]. 北京：机械工业出版社，2018.
[3] 王再友. 铸造工艺设计及应用[M]. 北京：机械工业出版社，2016.
[4] 吕建强. 冲压工艺与模具设计[M]. 西安：西安电子科技大学出版社，2021.
[5] 闫洪. 锻造工艺与模具设计[M]. 北京：机械工业出版社，2012.
[6] 沈根平. 焊接基本技能实训[M]. 北京：高等教育出版社，2016.
[7] 崔忠圻，覃耀春. 金属学与热处理[M]. 2版. 北京：机械工业出版社，2020.
[8] 孙文志，郭庆梁. 金工实习教程[M]. 北京：机械工业出版社，2019.
[9] 夏广岚，姜永成. 金属切削机床[M]. 2版. 北京：北京大学出版社，2014.
[10] 赵国英. 高效铣削技术与应用[M]. 北京：机械工业出版社，2016.
[11] 王国玉. 钳工技术与技能应用[M]. 北京：电子工业出版社，2014.
[12] 赵长明，刘万菊. 数控加工工艺及设备[M]. 北京：高等教育出版社，2015.
[13] 王嘉，田芳. 逆向设计与3D打印案例教程[M]. 北京：机械工业出版社，2020.
[14] 汤伟杰，李志军. 现代激光加工实用实训[M]. 西安：西安电子科技大学出版社，2015.
[15] 陈学永. 工程实训指导书[M]. 北京：机械工业出版社，2018.